# Das neue Buch der
# Kamine und Kachelöfen

KURT JENI

# Das neue Buch der Kamine und Kachelöfen

Energiesparende Ausführungen: traditionell und modern

BLOTTNER FACHVERLAG
TAUNUSSTEIN

**3., inhaltlich vollständig neue Auflage**

Redaktionelle Mitarbeit: Jutta Lorenz

Fotos: Bernhard Müller, Friedhelm Thomas
Produktfotos: jeweils genannte Hersteller
Titelbild: Poli

Umschlaggestaltung: Werner Schur
Bildrechte: Archiv Fachschriften-Verlag GmbH & Co. KG

**Bibliographische Information der Deutschen Bibliothek:**
Die Deutsche Bibliothek verzeichnet diese Publikation in der Deutschen Nationalbibliographie; detaillierte bibliographische Daten zu diesem Werk sind im Internet über http://dnb.ddb.de abrufbar.



Druck: Druckhaus Darmstadt GmbH


e-mail: blottner@blottner.de / URL: www.blottner.de
ISBN 3-89367-632-5 / Printed in Germany

# DER INHALT

## Reportagen, Planung, Traumöfen

## Technik, Werkstatt, Ofenwelten, Reportagen

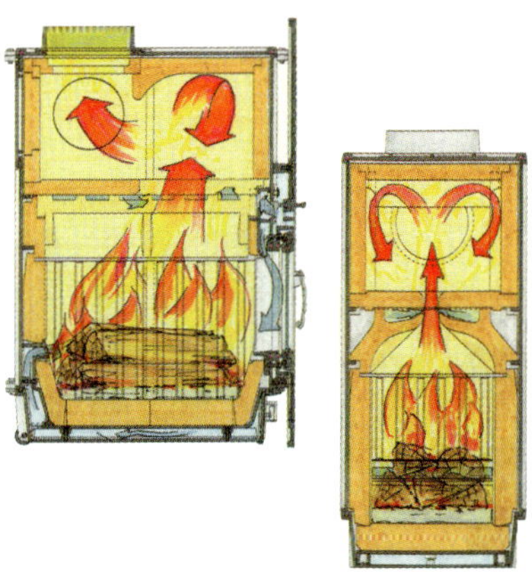



## Schöne Beispiele, Besonderheiten, Service

In Thüringen hat das Team vom Lechnerhof diesen Ofen gebaut. Als Mittelpunkt eines ungewöhnlichen Neubaus. Und dazu gleich den passenden Boden gestaltet: mit durchgefärbter Spezialmasse und Glasintarsien. Ein weiteres Schmankerl steht im Turmzimmer...

# Handarbeit vom Feinsten

In einer bekannten Zeitschrift entdeckten die Bauherren einen Ofen, der sie besonders ansprach. Entworfen und gebaut von Peter Lechner. Schnell war der Kontakt hergestellt, ein Besuch im „Lechnerhof" (Witten/Westfalen) vereinbart. „Dort haben wir keinen Showroom, sondern verschiedene Öfen tatsächlich im Einsatz", sagt Lechner, dem enger persönlicher Kontakt zu seinen Kunden wichtig ist, „um sich vorstellen zu können, wie sie später wohnen wollen."

Vor Ort sah er sich mit Architekt Heiner Koch das Grundstück an. Schon die erste ge-

**Um die Architektur eines Hauses sozusagen weiterspinnen zu können, ist es für meine Arbeitsweise ideal, möglichst früh in die Planung einbezogen zu werden, also nicht erst dann, wenn der Rohbau fertig ist.**

**Peter Lechner, Ofenbauer**

**Vom gelenkartig ausgebildeten Kachelofen profitieren Wohnraum, Loggia und Küche.**

Keramisch verkleidet und mit italienischer Kalkspachteltechnik als Finish wirkt das lange Edelstahlrohr wie eine Säule.

In Wohnküche und Wintergarten dienen die Keramikfliesen auch als gemütlich-warme Sitzfläche.

meinsame Skizze zeigte einen Baukörper mit scharnierartigem Mittelpunkt (= Kachelofen), von dem aus sich verschiedene Ebenen hinauf zu einer Galerie fächerten.

## Mit Modellen wird die Form erarbeitet

„Der zentrale Raum sollte etwas Höhlenartig-Gemütliches haben, mit großen Glasflächen aber auch eine Loggia bilden", erklärt Heiner Koch. Vom Kachelofen profitieren sollte außerdem die Wohnküche.

Modelle im Maßstab 1:20 sind für den Ofenbauer ein wichtiger Zwischenschritt. Später formen Lechner und seine Mitarbeiter 1:1-Ofenmodelle aus rohem Ton. In Überschlagtechnik entstehen die eigentlichen Kacheln. Dabei wird das Material – der Name sagt es – über das Modell geschlagen, später in Kacheln zerlegt und gebrannt. „Alle Öfen bearbeiten wir von der Oberfläche her, da ist die Hand direkt am Werkstück. Die Industrie hingegen benützt Gipsformen."

Ihre charakteristische Oberfläche erhielten die bläulichen Kacheln durch strukturierte Gipsrollen. Beim Glasieren eingeriebenes, dann nochmals überglasiertes Farboxyd kann von unten in die Glasur eindringen, dies ergibt lebhafte Flächen von großer Tiefe.

An der italienischen Terrakottatradition orientiert sich die

Flexibel reagiert das Raumprogramm auf die bewegte Topographie, auf den hochwertigen Baumbestand.

**Ganz links: Parabolförmig geschwungen, bildet die Stahlplatte einen imaginären Raum.**

**Links: Gitter entlüften die warme, zwischen Heizeinsatz und Ummauerung entstehende Konvektionsluft.**

**Der obere Ofen muss einen ganz anderen Charakter haben, weil er im Zimmer mit der besten Aussicht steht. Vom Sofa aus sieht man die Sonne neben dem Kaminfeuer untergehen. Das ist von eigenem Reiz.**

Heiner Koch,
Architekt

**Das Gegengewicht öffnet die gleich schwere Glastür leicht.**

**Refugium des Hausherrn: Außenansicht des Turmzimmers mit dem Edelstahlzug.**

Gestaltung des Turmzimmer-Ofens. Das Keramikrelief über dem Feuerloch ist von Hand modelliert, ohne Glasur gebrannt. Aus dem gleichen Material bestehend, nehmen die Bodenplatten die Geste der beiden Stahl-„Schwingen" auf, vollenden sie zum Kreis – als Kontrast zum Quadrat des Grundrisses.

Peter Lechner arbeitet gerne gewerkeübergreifend, auch in Eingangshalle und Wohnzimmer hat er den Boden belegt. Dort mit einer zementgebundenen, selbstzerfließenden Masse, die er individuell einfärbt, mit Glas- oder Mosaikintarsien verziert, nach dem Harten schleift, poliert und mit Öl einlässt – „das ergibt fugenlose, großflächige Böden". Die Aufbauhöhe beträgt zirka fünf Millimeter, damit ist diese Methode also auch fürs Renovieren bestens geeignet.

*Adressen:*
*Lechnerhof,*
*Christel und Peter Lechner,*
*Stoltenbergstraße 15,*
*58456 Witten (Durchholz),*
*Telefon 02302/75022*
*Architekturbüro Dipl.-Ing.*
*Heiner Koch,*
*Meyerstraße 10, 99423 Weimar,*
*Telefon 03643/491457*

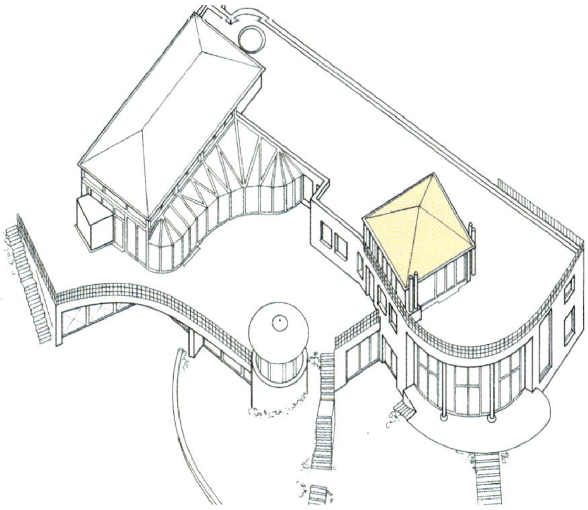

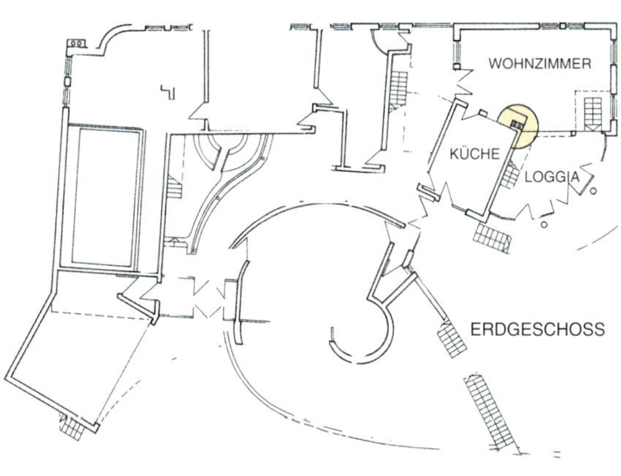


**Wohnlich trotz großer Flächen: Statt klotzigem Kubus siedlungsartig verteilte Zimmer. Farbig unterlegt: Standorte von Kamin & Ofen.**

Dank Vorfertigung einzelner Ringe steht der „Solo" in relativ kurzer Zeit. Sigloch riet zu weißen Kacheln, als Kontrast zum Boden. Er schätzt die hohe Passgenauigkeit der Keramik; sie zeigt sich auch im präzisen Fugenbild.

# Eine runde Sache

Sie wollen einen vollwertigen Kachelofen, schnell und sauber aufgebaut, dazu noch extra elegant? Dann könnte der „Solo" von Poli Keramik zum Zentrum Ihres Interieurs werden. Einmal angeheizt, gibt er bis zu 12 Stunden warm. Ofenbauer Uli Sigloch zeigt Schritt für Schritt, wie Qualität entsteht. Und was sonst noch so alles aus seiner Werkstatt kommt.

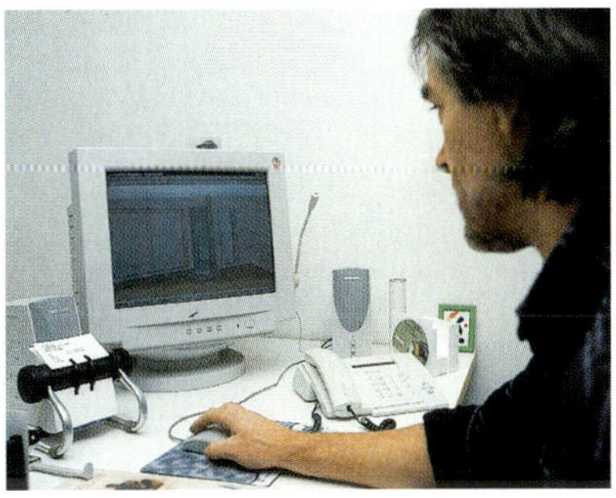

**Zwei Seiten eines Ofens, den Uli Sigloch in einem seit längerem bewohnten Haus realisierte.**

Ein guter Kachelofenbauer muss auch mal Nein sagen können, meint Uli Sigloch. Und einen Auftrag ablehnen, wenn sich kein befriedigender Konsens ergibt. Ebenso wichtig sei Erfahrung und Selbstvertrauen. Um dem Kunden, der schon präzise Vorstellungen hat, Alternativen aufzuzeigen, und so letztlich den optimalen Kompromiss zu erzielen. Schwierig und herausfordernd genug, vor allem, wenn man seinen Beruf ernst nimmt: Kein Haus, keine Wohnung ist wie die andere. Architektur und Ausstattung variieren, ebenso die Wünsche der Bewohner.

## Vielleicht ein Entscheid fürs Leben

Ein Kachelofen ist unter Umständen ein Entscheid fürs Leben. Fachmännisch gesetzt, muss er nur noch alle drei bis vier Jahre gereinigt werden, ansonsten ist er prinzipiell für viele Jahrzehnte ausgelegt. Da sollte er optisch schon was hermachen! Auch sommers, wenn sein Feuer nicht lodert. Steht er doch an exponierter Stelle.

„Wie eine Skulptur im Raum" empfindet die kunstsinnige Kundin ihren vor kurzem fertig gestellten, weißen „Solo"-Ofen. „Auch meine Gäste schauen gern hin, selbst wenn kein Feuer brennt." Über 50 Glasurtöne waren möglich, Uli Sigloch riet zu Weiß, das empfand er als „am besten zu den tollen Fliesen und dem Mobiliar passend". Ein heller Ofen tritt sozusagen optisch dezent zurück, im Gegensatz zu dunklen Kacheln, die in anderem Interieur wohl besser zur Geltung kommen.

Nicht nur das edle Äußere macht den Preis, es sind die wichtigen inneren Werte und – das wurde uns bei diesem Werkstattbesuch klar – es ist durchaus auch die Liebe, mit der ein Ofensetzer bei der Arbeit ist, und die das fertige „Werkstück" nachvollziehen lässt.

Seit längerem arbeitet Uli Sigloch als ausgesuchter Partner eng mit einer renommierten

**Selbstgefertigte Schablone für exaktes Verkleben.**

**Der Haftmörtel bindet schnell ab, ist feuerbeständig und dehnungsfähig. Oben: Ins Firmenauto passt ein kompletter Ofen.**

österreichischen Firma zusammen. Von dort bezieht er die „Solo"-Elemente, in Kooperation mit deren Planungsabteilung entwickelt er außerdem eigenständige, auf den Kunden maßgeschnittene Ofendesigns (siehe Beispiele rechts). Der Datenaustausch erfolgt über PC.

Hightech erleichtert im Hafnerhandwerk so manches. Beispiel Funkenschutzvorlage. Bei brennbaren Bodenbelägen gesetzlich vorgeschrieben, misst sie mindestens 50 Zentimeter ab Vorderscheibe Feuertür, seitlich mindestens 30 Zentimeter. Möglich sind Edelstahl, Stahl oder Glas. Übers Internet gibt Sigloch seinen Zulieferern die Zeichnung mit den Maßen durch, mit computergesteuerten Maschinen werden die Platten entweder lasergeschnitten (Stahl) oder gefräst (Glas). Beim blauen „Solo" rechts bot sich übrigens Edelstahl an, weil das Sockelblech mit seinen regulierbaren Schlitzen für die Brennluftzufuhr ebenfalls aus diesem Material besteht.

Wenn alle Komponenten aufeinander abgestimmt sind, die Fugenmasse ausgehärtet, das Ofenrohr angeschlossen, die ganze Anlage abgenommen ist, steht dem munter knisternden Feuerchen nichts mehr im Weg. Beim „Solo" heißt das: mit fünf Kilo Holz befüllen (idealerweise ein bis zwei Jahre gelagerte Buche oder Eiche, Restfeuchte unter 15 Prozent), Füße hochlegen und das prasselnde Schauspiel genießen. Dann Zuluftklappe schließen und die Kacheln 12 Stunden lang ihren Job verrichten lassen: die Wärme langsam wieder abzugeben.

**Große Fläche, gefällige Proportionen: die Kunst des Ofenbaus.**

**Wie die anderen Öfen entstand auch dieses schöne Beispiel in Kooperation mit einem guten Kachelhersteller.**

**Der „Solo" in Dunkelblau. Bei brennbaren Bodenbelägen ist eine Funkenschutzvorlage Pflicht.**

**Eine „barockere" Ofenlandschaft. Intarsienartig akzentuierende Keramik im Wechsel mit verputzten Flächen.**

**Die Brennkammer wird mit Schamottesteinen ausgekleidet.**

**Über 50 dieser Nut-und-Feder-Steine sorgen mit der doppelverglasten Heiztür für Feuerfestigkeit – und für noch mehr Speichermasse.**

**Exaktes Justieren für jahrzehntelangen Gebrauch.**

Wie ein Fels in der Brandung wirkt diese Ofenskulptur, die den Wohnraum beherrscht und architektonisch in das Gesamtkonzept des Hauses eingefügt wurde.

# Verschmelzung von Architektur & Ofen

**Bei dieser Designofenanlage stellte sich für Axel Schmitz, seines Zeichens Handwerker, Erfinder und Baumeister von Kachelöfen und Kaminen die Aufgabe, den Ofen mit der Hausarchitektur verschmelzen zu lassen und somit einen fundamentalen, dominanten und warmen Wohn-Mittelpunkt in Szene zu setzen.**

Die Brüstung der Galerie, als Ofen nicht zu erkennen, gibt gesunde Strahlungswärme ab.

Durch die Oberlichtfenster erhält das Haus auch im Bereich der Galerie viel Licht.

Im Bad sorgen Wand- und Fußbodenheizung für die notwendige Wärme.

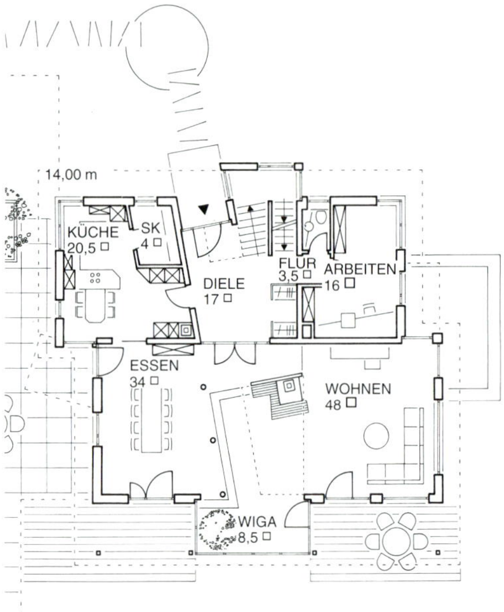


ERDGESCHOSS

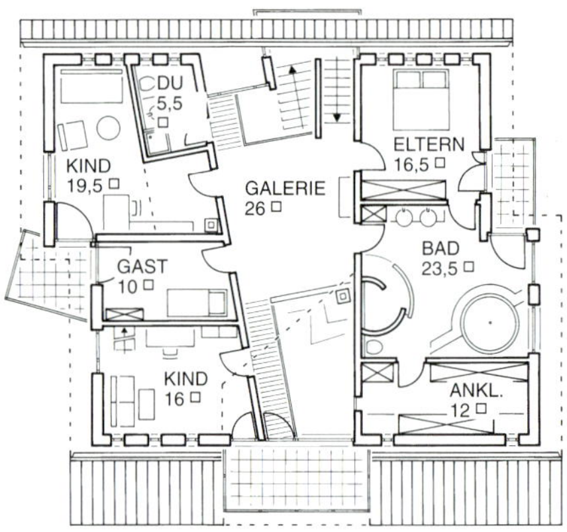


OBERGESCHOSS

Ein Einfamilienhaus und ein Produktions- und Bürogebäude zu aller Zufriedenheit zu erstellen: Das war die Aufgabe, die an Architekt Michael Mesch von der Bauherrschaft gestellt war. Dieser plante das Ensemble so, dass Wohnen und Gewerbe, zwar räumlich und gestalterisch getrennt, trotzdem eine Einheit bilden. Wohngebäude und Gewerbetrakt sind so zueinander orientiert, dass sie einen geschützten Hof bilden, der sich zum freien Feld hin öffnet.

Das Hausinnere ist geprägt von fließenden Raumübergängen – sowohl horizontal als auch vertikal. Wohn-, Essbereich und Wintergarten bilden eine große Einheit und erstrecken sich über die gesamte Hausbreite. Und hier nun kam Axel Schmitz, seines Zeichens Ofendesigner, ins Spiel, denn nun galt es Architektur und Ofen miteinander zu verbinden.

Die gewünschte so genannte Hypokaustenanlage wurde so gestaltet, dass sie einen massiven Sockel für das nächste Stockwerk bildet und deshalb stark stützend wirkt.

Durch die große Sichtscheibe im Wohnzimmer verzaubert diese Wärmeskulptur ihre Besitzer mit einem großartigen Feuerspiel. Die frei schwebende Sitzbankliege lädt geradezu zum gemütlichen Rückenwärmen oder zum entspannten Bücherschmökern ein. Sie bietet aber auch genügend Platz für eine gesellige Freundesrunde bei einem schönen Glas Rotwein, wovon die Bauherren richtig begeistert sind.

Auch die Kinder im Obergeschoss können die angenehme Strahlungswärme dieses frei stehenden Hypokaustenofens noch genießen. So spendet die Brüstung der Galerie – als Ofen nicht zu erkennen – mollige und gesunde Strahlungswärme und gibt dem dortigen Freiraum zum Spielen einen Rahmen.

Der in diesem Haus als Herzstück der großen Wohnhalle umgesetzte „Hot Rock" ist eine Naturfelsabformung, welche optisch und haptisch überaus naturgetreu wirkt.

Auch andere untypische Ofenbaumaterialien wie Glas, Stahl oder Spachtelstrukturen werden bei Axel Schmitz verwendet, um Feuer in Szene zu setzen. Dies ergibt die etwas anderen Kachelöfen und Kamine, wie die sieben Beispiele unten zeigen. Beim Wellenofen zum Beispiel wurden Lehmputz und Sumpfkalk eingesetzt, um die archaische Schönheit zu schaffen. Aber es geht auch poppig, modern, avantgardistisch und klassisch.

*Kachelöfen und Kamine:*
*Schmitz – Das Ofenatelier,*
*Esslinger Straße 56,*
*73765 Neuhausen,*
*Telefon 07158/946120*

**Steinfeuer**

**Feuerwürfel**

**Kreisofen**

**Tonnenofen**

**Wellenofen**

**Metallofen**

**Sonnenofen**

# Andere Länder, andere Sitten

**Hätten Sie gedacht, dass Italiener und Amerikaner vor allem Öfen lieben, die einen spürbar starken Warmluftstrom abgeben? Und dass der Grundofen mit seiner milden Strahlungswärme dagegen vor allem in Österreich gefragt ist? Hier eine kleine Sittengeschichte in Sachen Kamine & Kachelöfen.**

## Bayern

Typisch bayerisch sind Kachelöfen: richtig große Apparate, regelrechte Kaliber mit einer Feuerungsleistung von beispielsweise 40 kW. Denn ein „gstandener Bayer" will seinen Kachelofen auch mit großen Holzstücken heizen, 50 Zentimeter oder sogar einen Meter lang. Der Grund: in der Landwirtschaft fällt viel Meterholz an und die Bauern wollen das Holz nicht noch extra kleinsägen müssen, bevor sie es verheizen.

## Norddeutschland

Im hohen Norden Deutschlands hat der klassische Kachelofen keinen besonders guten Stand. Gefragt sind hier vielmehr die modernen, offenen Heizkamine oder auch die kleinen, flexiblen, oftmals trendig gestylten Kaminöfen.

## Ostdeutschland

Ein regelrechtes „Anti-Kachelofen-Gebiet" sind die neuen Bundesländer. Die „Ossis" haben von Kachelöfen die Nase voll. Denn zu DDR-Zeiten gab es dort fast keine andere Heizmöglichkeit als die typisch bieder-moosgrünen Öfen. Klar, dass jetzt erst einmal Alternativen angesagt sind. Und das sind im Augenblick vor allem die Heizkamine, die – wohl angeregt durch TV- und Kinovorbilder – den Inbegriff von Luxus und Genuss verkörpern.

## Österreich

Hier ist ein Ofentyp verbreitet, von dem man zwar immer wieder hört und liest, der aber – bezogen auf seinen Marktanteil – im Prinzip ein echter Exot ist: der Grundofen. Dieser Ofen braucht extrem lange, um sich so aufzuheizen, dass es im Raum überhaupt spürbar wird. Dann allerdings gibt er seine Wärme auch über einen extrem langen Zeitraum ab.

## Schweiz

Bei den Eidgenossen sind vor allem die so genannten Hypokaustenanlagen beliebt. Dabei handelt es sich um eine geschlossene Warmluftheizanlage, die die von einem Heiz- oder Kamineinsatz erzeugte Hitze in einem geschlossenen System zirkulieren lässt und in Strahlungswärme umwandelt. Die Schweizer bevorzugen diese Ofenart vor allem deshalb, weil sie großen Wert auf die angenehm milde Strahlungswärme legen – die Art von Wärme also, die den menschlichen Körper direkt bestrahlt und im Gegensatz zur Konvektionswärme keine Luftbewegung erzeugt.

**Kamine sind bei den Franzosen ebenso gefragt wie in Nord- oder Ostdeutschland. Accent**

## Benelux

Die Menschen dort haben viel kleinere Häuser als in Deutschland. Deshalb mögen sie auch kleinere Öfen. Gebräuchlich sind vor allem kleine Gussöfchen. Entweder sehr verschnörkelt oder mit einem total trendigen Outfit. Ganz wichtig: bei diesen Öfen ist das Rauchrohr nicht oben angebracht, es befindet sich vielmehr auf der Rückseite. Denn auf dem Ofen brauchen Benelux-Einwohner ausreichend Platz, um ihren Teekessel abstellen und warm halten zu können.

## Frankreich

Weit verbreitet sind offene Kamine mit Heizeinsatz. Mit einer Besonderheit: im Gegensatz zu deutschen Anforderungen sollen die französischen Heizeinsätze nicht nur eine Stunde, sondern mindestens 10, besser 15 Stunden brennen können, ohne dass man Holz nachlegen muss. Die offenen Kamine in Frankreich haben riesige Feuerräume, die von oben bis unten mit Holz vollgestopft werden. Dann wird die Zuluft gedrosselt und das Ganze qualmt stundenlang stark vor sich hin. Denn im Gegensatz zu Deutschland, wo beim Kamin vor allem die Lust am offenen Feuer gepflegt wird, nutzen die Franzosen ihren Kamin ganz praktisch und profan als Heizung für die Übergangszeit – ähnlich ist es übrigens auch in Spanien.

## Italien

Es ist schon kurios: während man in deutschen Landen auf die angenehm milde Strahlungswärme schwört, die keine Luft und keinen Staub aufwirbelt, ist es in Italien ganz anders. Dort muss der Warmluftstrom, den ein Ofen abgibt, stark und deutlich spürbar sein und einen Raum schnell aufwärmen. Ein Ofen, aus dem keine Luft herausbläst, wenn man die Hand davorhält, kann einfach nichts taugen – zumindest in den Augen eines italienischen Kunden. Da in Italien in der Inneneinrichtung Marmor stark vertreten ist, gibt es dort auch sehr viele Kamine, die mit Marmor verkleidet sind.

**Es ist einfach erstaunlich, wie stark sich die Heizgewohnheiten der Menschen in verschiedenen Ländern unterscheiden. Ofen ist eben nicht gleich Ofen.**

**Dierk Astfalk, Wodtke**

## USA

Ähnlich wie die Italiener bevorzugen viele Amerikaner Öfen mit einem gut spürbaren Warmluftstrom. Darüber hinaus gibt es viele kleine Gussöfen: rechteckig mit abgerundeten Kanten und vier kleinen Gussfüßchen, oft verschnörkelt, mit Röschen verziert oder schwarz oder grün emailliert. Gefragt ist in den USA auch der klassische offene Kamin – ohne Sichtscheibe, ohne Heizeinsatz und daher im Prinzip auch ohne nennenswerte Heizleistung.

**Kleine verschnörkelte Gussöfchen mit kleinen Füßchen sind in den Vereinigten Staaten genauso beliebt wie in den Benelux-Ländern. Märchenofen**

# Deutsches Ofenmuseum

**Das Deutsche Ofenmuseum, eine ehemalige Postkutschenstation in Burrweiler an der Weinstraße, zeigt die Entwicklung gusseisener Öfen von der offenen Feuerstelle des 16. Jahrhunderts bis hin zum Bauhausofen des 20. Jahrhunderts.**

**Füllaufsatzofen, gegossen um 1890 in Dänemark. Ein Konvektionsofen aus der Zeit des Neo-Klassizismus.**

Präsentiert werden 69 Öfen in kleinen Szenen, die das jeweilige historische Umfeld exemplarisch dokumentieren. Finanziert und unterhalten wird das Museum von dem Ehepaar Ruth und Markus Stritzinger. Die beiden handeln seit fast 20 Jahren mit europäischen und auch amerikanischen Eisenöfen.

Die Stritzingers in ihrem Museum zu erleben, heißt, Sammlerleidenschaft kennen zu lernen.

Zeichnet sich schon die Inszenierung des Museums durch viel Liebe zum Detail aus, so gilt das noch viel mehr für die Erklärungen und Hintergründe, mit denen sie jeden einzelnen Ofen beschreiben können. Das geht hin bis zur Feuerungstechnik der Öfen: Denn nicht nur an der äußeren Hülle, sondern auch am inneren Aufbau lassen sich gesellschaftliche Entwicklungen ablesen. Im Gegensatz zu heute war Holz in früheren Jahrhunderten auch als Brennholz oft ein knappes Gut. Die Hauptursache lag in der Abhängigkeit von geografischen Bedingungen, aber auch Besitzstruktur und Herrschaftswillkür spielten eine nicht zu unterschätzende Rolle.

Egal, ob es sich um einen nur 70 Zentimeter hohen Rundofen des Barock oder einen mehr als 2,5 Meter hohen Prunkofen des Historismus handelt, für die Stritzingers ist jedes Stück wichtig: „Erst in der Komplettheit einer Sammlung lässt sich die Leistung der vorindustriellen Ofengießer richtig erfassen", so Markus Stritzinger.

Vollzieht man den Gang durch die Sammlung in einem Wechselspiel des aufrechten Ganges und Verbeugungen zur Erfassung der Details, gibt es immer wieder Neues und Altbekanntes zu entdecken. Auch heute noch so klangvolle Namen wie beispiels-

weise „Küppersbusch" sind zu lesen. Märchenöfen, die an die Spielzeugburgen aus Kindertagen erinnern, um den man damals den Nachbarjungen beneidet hat. Skulpturen wie die einer Feldarbeiterin, bei der man erst dann glauben kann, dass es sich um einen Ofen handelt, wenn man den Rauchauslass im Rücken entdeckt hat. Kohleöfen im „amerikanischen" Stil, die den chromblitzenden Cadillac späterer Jahre vorwegnehmen. Bügeleisenöfen, Kaffeeröstöfen, Feldöfen und, und, und...

Für Stritzingers ist die Sicherstellung der Funktionalität ihrer Öfen ein wichtiges Anliegen. Alle Öfen der Sammlung sind trotz ihres Alters von teilweise mehr als 300 Jahren voll funktionsfähig. Sie wurden in liebevoller Kleinarbeit zerlegt, gereinigt und wieder aufgebaut. Was für die Öfen ihrer Sammlung gilt, hat auch für ihre zum Verkauf angebotenen Öfen Gültigkeit. Kein Ofen verlässt das Haus ohne die Gewähr, ihn wieder als voll funktionsfähige Holzheizung einsetzen zu können.

Das Museum ist Donnerstag und Freitag von 14 bis 18 Uhr, Samstag von11 bis 17 Uhr und Sonntag von 13 bis 18 Uhr offen.

Sie finden das Deutsche Ofenmuseum in 76835 Burrweiler an der Deutschen Weinstraße, Hauptstraße 1.

**Links: Gründerzeit-Ofen, gegossen um 1880 in Deutschland. Im oberen Bereich des Gussofens ist ein Zitat aus Schillers Glocke zu lesen: „Wohltätig ist des Feuers Macht, wenn sie der Mensch bezähmt bewacht." Rechts: Säulenofen, gegossen um 1925 in Dänemark. Der Klassiker unter den Gusseisenöfen aus der Bauhaus-Zeit.**

**Biedermeier** | **Jugendstil** | **Gründerzeit**

## Das Buch zum Thema

Die Sammlung des Deutschen Ofenmuseums wird auch in einem 72 Seiten starken Buch, das mit 48 Schwarz-Weiß-Bildern illustriert ist, präsentiert. Ein 18 Seiten umfassender Textteil gibt einen Abriss der technischen und gestalterischen Entwicklung des Gussofenbaus, die Öfen selbst werden allein oder in Gruppen beschrieben. Preis: 10 Euro, zuzüglich Versandkosten. Direkt beim Deutschen Ofenmuseum zu bestellen. Die Adresse finden Sie links oben.

# Der beste Platz

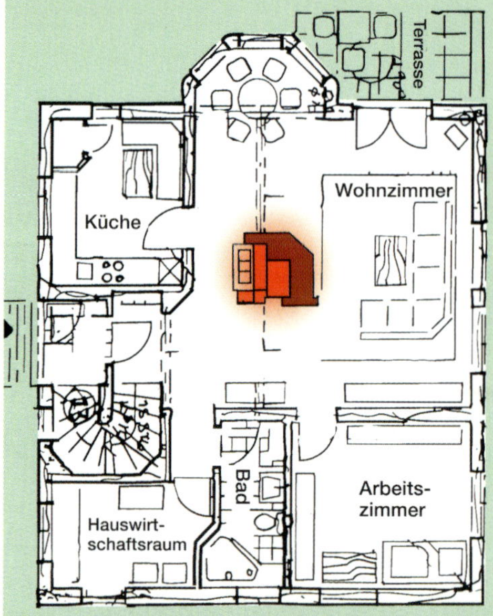


**Wer neu baut und sich – vielleicht erst einige Jahre später – einen Kamin oder Kachelofen einbauen lassen möchte, sollte diesen Wunsch bei der Planung unbedingt berücksichtigen. Denn dann kann man sich das beste Plätzchen noch aussuchen und nach seinen Bedürfnissen gestalten.**

Es klingt banal, wird aber oft vernachlässigt: Die Wirkung eines Kachelofens, eines Kamins oder Kaminofens wird bestimmt durch seine Lage innerhalb der Wohnung. Wer diese Lage noch beeinflussen kann, sollte die Chance nützen. Es sind zwar keine absoluten Regeln für die richtige Planung und Platzierung aufzustellen, da es in jeder Wohnung ein individuelles Raumprogramm gibt. Aber egal, ob Kamin oder Ofen an der Wand, in der Ecke oder frei im Raum stehen sollen (immer in Verbindung mit dem Schornstein), sie müssen einen Zentralpunkt des Wohnens bilden. Und: Sitzgruppen und Feuerstelle sollten nicht durch so genannte Verkehrsflächen wie zum Beispiel Dielen oder Flure getrennt werden. Denn sonst kommen Sie nie zur Ruhe. Vergessen Sie nicht, eine sinnvolle Relation von Raumgröße und Feuerstätte zu beherzigen. So macht es zum Beispiel keine Freude, in Räume unter 20 Quadratmeter Grundfläche einen Kamin einzubauen.

Da jeder Mensch andere ästhetische Vorstellungen hat, hier nur einige wenige Bemerkungen: Wenn Sie Ihren Kamin oder Ofen als festen Bestandteil ihrer Wohnkultur betrachten, werden Sie automatisch darauf achten, dass er in funktioneller

## Die Lage im Raum bestimmt die Ofengröße

Klar hängt die Ofengröße in erster Linie vom Rauminhalt des zu beheizenden Raumes ab. Der Rauminhalt ergibt sich, wenn Sie die Länge, die Breite und die Höhe des Raumes miteinander multiplizieren. Aber es gilt zu unterscheiden, ob der Raum in einem Gebäude liegt, das schon Niedrigenergiehaus-Standard besitzt oder noch zum alten Eisen mit hohem Energieverbrauch zählt – und ob Sie dann in absehbarer Zeit auch in den Wärmeschutz, in neue Fenster oder eine neue Heizungsanlage investieren wollen. Als günstig wird darüber hinaus eine Wohnraumlage gesehen, wenn das Ofen-Zimmer nur eine Außenwand hat und/oder zwischen Räumen liegt, die auch beheizt werden.

Weniger günstig sind zum Beispiel Räume mit herkömmlich verglasten großen Fenstern und/oder zwei Außenwänden. Als ungünstig sind Räume einzustufen, die zum Beispiel im Erd- und Dachgeschoss liegen und/oder zwei Außenwände sowie unbeheizte Nebenzimmer haben. Auch Räume über Garagen zählen zu dieser Kategorie. Grundsätzlich sollten Sie auch die Lage der Räume zur Sonne mit Ihrem Ofenbauer besprechen.

Text Kasten: Rheinbraun; Foto und Grundriss oben: AdK

und gestalterischer Hinsicht alle diesbezüglichen Forderungen auch erfüllen kann. Keinesfalls darf er als keramisches Denkmal vorherrschen und ringsum alles erdrücken, sondern er soll sich harmonisch einordnen, nicht nur in Form und Größe, auch in der Farbe.

Jede Feuerstättenart steht automatisch in unmittelbarer Beziehung zur Wohnung und ihrer Einrichtung. Dazu gehören die Dekorationsart der Wände, Holzart und Stil der Möbel, Struktur und Farbe des Teppichs bzw. des Fußbodenbelags.

Häufig findet der Ofenbauer Einzelheiten der Wohnraumgestaltung bereits vor, wenn an ihn der Auftrag ergeht, einen Kamin oder Kachelofen zu bauen. Deshalb dürfen Sie von ihm erwarten, dass er Ihnen hilft, zu den vorhandenen Einrichtungsgegenständen die passende Feuerstätte zu schaffen. Eine Feuerstätte, die sich einfügt, die mit dem Wohnensemble harmoniert und zu einer gediegenen Raumatmosphäre beiträgt. Auch für das Zusammenwirken verschiedener Materialien an der Feuerstätte selbst gibt es gestalterische Grundsätze, die es zu beachten gilt. Leider werden sie nicht selten ignoriert. Da werden Kacheln, Klinker, Natursteine, Putzflächen, Eisen und Chrom aneinander und übereinander gereiht, ohne dass man sich bewusst ist, dass hier nicht nur der Ofen in seiner Wirkung zerrissen wird, sondern auch die Eigenart der unterschiedlichen Materialien verloren geht. Denn jedes Material hat seine besondere und nur ihm eigene Aussagekraft: Die Keramikfläche wirkt sauber und ruhig, wenn sie allein steht, die Putzfläche großzügig und zurückhaltend, die Klinker- und Natursteinfläche roh und rustikal und Chrom edel glänzend. Diese Erkenntnisse sind auch für Sie als Bauherrin oder Bauherr wichtig, damit Sie gemeinsam mit dem Ofenbauer den richtigen Weg finden können.

Für die Planung, die Auswahl der Materialien sowie Form und Bau der Feuerstätte sind nicht nur gestalterische Grundsätze zu beachten, sondern bestehende Regeln einzuhalten (siehe auch Seite 24). Hier ist Ihr Ofenbauer absoluter Fachmann, suchen Sie ihn möglichst früh auf.

Auch ein Kontakt zum Bezirksschornsteinfegermeister kann Gold wert sein. Denn schließlich ist er es, der die Feuerstätte am Schluss auch abnimmt.

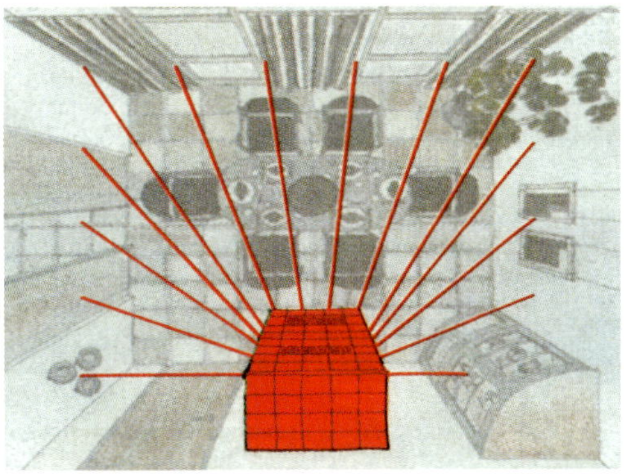

**In den Räumen mit nur einer Außenwand steht der Kachelofen dieser Wand gegenüber. Je länger die Außenwand ist, umso genauer sollte sich der Ofen auf deren Mittellinie befinden.**

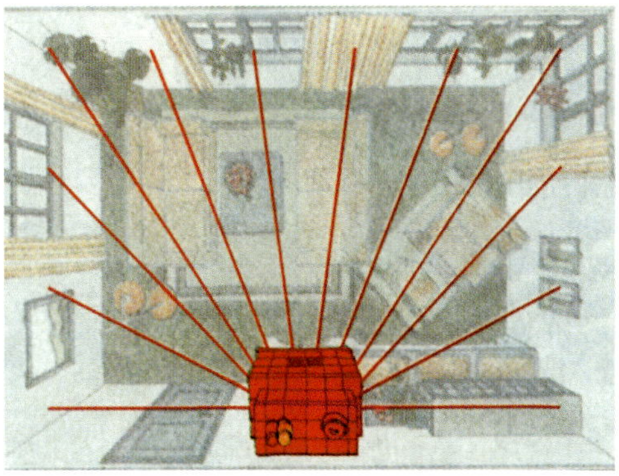

**In einem Raum, der von drei Außenwänden begrenzt wird, sollte der Kachelofen genau in der Mitte der Innenwand stehen. Sein eigenes Seitenverhältnis sollte der Grundfläche des Raumes ähneln.**

**Ein weiterer Fall: In rechteckigen Räumen mit zwei Außenwänden sollte der Kachelofen möglichst auf der Diagonalen der beiden Außenwände stehen.**

**Auch Spezialfälle stellen den Ofenbauer vor keine allzu großen Planungsprobleme: Wenn zum Beispiel die Räume wie hier um die Ecke gehen, sollte die Ofenform einfach der Winkelform des Raumes folgen und ihr angepasst werden. (Alle Zeichnungen: nach Hebgen)**

## Kachelofen-Checkliste

- Wie viele Räume soll künftig der Kachelofen beheizen, welchen Wärmebedarf erfüllen?
- Soll der Kachelofen zusätzliches Warmwasser erzeugen?
- Wo soll der Kachelofen im Idealfall stehen?
- Von wo aus soll er beheizt werden? Küche, Keller usw.?
- Ist der dafür nötige Schornstein vorhanden?
- Mit welchem Brennstoff soll geheizt werden? Öl, Gas, Holzscheite, Holzbriketts, Pellets, Braunkohle?
- Platz für Brennstofflagerung?
- Ist eine entsprechende Frischluftzufuhr zur Feuerstelle gewährleistet?
- Können die vorgeschriebenen Abstände des Ofens/Kamins zu brennbaren Bauteilen eingehalten werden?
- Welchen Stil soll der Kachelofen haben? Z. B. bäuerlich, elegant, ländlich, stilvoll, geschlämmt, gekachelt, sichtgemauert usw. (evtl. Skizzen oder Fotovorlagen mitbringen).
- Welchen Grundriss in etwa soll der Kachelofen haben?
- Soll der Kachelofen als Vollheizung betrieben werden?
- Wie viel darf der Kachelofen insgesamt kosten?
- Sprechen Sie mit dem Ofensetzer über die behördlichen Auflagen für Einzelfeuerungen in Ihrer Region.

Checkliste: Brunner; Texte: Karl Heinz Pfestorf, AdK, Hagos

# Das Regelwerk

**Da Hausbesitzer und Wohnungseigentümer nach den geltenden Bauordnungen auch dafür verantwortlich sind, welche baulichen Anlagen und Produkte ins Haus eingebaut werden, wollen wir einen generellen Blick aufs deutsche Regelwerk werfen. Das Grundwissen kann Ihnen viel Ärger ersparen.**

Die wichtigste gesetzliche Grundlage – neben der Bauordnung und der Feuerungsverordnung –, die Sie zumindest dem Namen nach kennen sollten, hat, wie nicht anders zu erwarten, einen schwierige Bezeichnung: Erste Verordnung zur Durchführung des Bundes-Immissionsschutzgesetzes (kurz auch 1. BImSchV oder Kleinfeuerungsanlagenverordnung genannt). Erfasst werden neben den Öl- und Gasheizungen unter anderem auch Haushaltsfeuerstätten/Einzelfeuerstätten wie Dauerbrandöfen, Kachelöfen, Kaminöfen, Herde und offene Kamine (auch solche mit verschließbaren oder selbstschließenden Feuerraumtüren).

Da in Deutschland jede Stadt oder Gemeinde im Alleingang Verbrennungsverbote erlassen kann, empfehlen wir Ihnen folgenden Weg zum Ofenkauf: Informieren Sie sich zuerst unbedingt bei Ihrem Bezirksschornsteinfegermeister, ob Sie einen Ofen aufstellen, anschließen und betreiben dürfen. Aber auch die Baubehörde in Ihrer Gemeindeverwaltung steht Ihnen als kompetente Anlaufstelle zur Verfügung. Dort erhalten Sie unter Umständen auch den kompletten Text der Kleinfeuerungsanlagenverordnung – wenn Sie sich das antun wollen.

Falls Sie sich erkundigen möchten, welche Brennstoffe erlaubt sind: Diesen Punkt regelt abschließend der Paragraph 3. Wichtig für Sie kann der zweite Absatz des Paragraphen 4 werden: „Feuerungsanlagen für feste Brennstoffe dürfen nur mit Brennstoffen betrieben werden, für deren Einsatz sie nach Angaben des Herstellers geeignet sind. Errichtung und Betrieb

## Brennstoff-Vorschriften

Aus den zahlreichen Vorschriften können Sie unter anderem entnehmen, dass es bisher folgende Regelungen gibt:

Anlagen mit bis zu 15 Kilowatt Nennwärmeleistung dürfen lediglich mit trockenem, naturbelassenem Holz (einschließlich anhaftender Rinde) befeuert werden. Zulässig sind neben Holzscheiten, Hackschnitzeln und Presslingen auch Reisig und Zapfen. Nur in automatisch beschickten Feuerungsanlagen muss der verwendete Brennstoff nicht unbedingt lufttrocken sein.

Anlagen über 15 kW dürfen bei Verwendung von stückigem Holz oder Holzabfällen maximal 150 Milligramm an Feststoffen pro Kubikmeter auswerfen. Auch für den Kohlenmonoxid-Ausstoß existieren Grenzwerte.

Und: Ausgenommen von dieser strengen Rauchgas-Norm sind allerdings die Kachel-Grundöfen und Kachelheizherde.

Klar: Die offenen Kamine dürfen nur gelegentlich betrieben werden. Sie eignen sich also ganz und gar nicht zum Einsatz als Dauerheizung. Im offenen Kamin dürfen Sie nur naturbelassenes, stückiges Holz verfeuern. Definition: Als ein gelegentlicher Betrieb für offene Kamine werden zum Beispiel bis zu 8 Tage je Monat und bis zu 5 Stunden je Tag angesehen.

Texte (wenn nicht anders angegeben) aus „Heizen mit Holz" von Prof. Dr. Hans-Peter Ebert; Foto: Hagos

Foto: MEZ

haben sich nach der Anweisung des Herstellers zu richten."

Der Nachweis der Eignung eines Brennstoffes zum Einsatz in einer Feuerstätte erfolgt in der Regel durch eine Typprüfung der Feuerstätte nach einer entsprechenden Prüfnorm. Die Prüfnormen enthalten neben technischen Anforderungen auch Anforderungen an das Emissionsverhalten der Feuerstätten. Im Rahmen einer solchen Prüfung wird getestet, für welche Brennstoffe die Feuerstätte – auch im Hinblick auf das Emissionsverhalten – geeignet ist. Der Hersteller der Feuerstätte listet die geeigneten Brennstoffe in der Bedienungsanleitung auf. Diese Bedienungsanleitung ist somit wichtiger Bestandteil der Feuerstätte und muss Ihnen daher als Betreiber übergeben werden oder der Feuerstätte beiliegen. Bitte setzen Sie sich intensiv mit dieser Bedienungsanleitung auseinander, es geht in diesem Bereich nicht nur um eine Fehlbedienung, die Sie alleine ausbaden müssten, Sie belasten unter Umständen ganz gewaltig die Umwelt.

## Was tun eigentlich die Hersteller?

Die gesetzlichen Rahmenbedingungen und Anforderungen sind das eine, die Bemühungen der Branche, Top-Qualität zu liefern das andere. Deshalb haben wir bei der Arbeitsgemeinschaft der deutschen Kachelofenwirtschaft (AdK) nachgefragt, wie sie die Zukunft der Kachelofen-Technologie sieht. Die Antwort: Die komplette Kachelofenbranche habe aus Eigenverantwortung in den letzten Jahren die Schadstoffemissionen der von ihnen entwickelten Produkte deutlich gesenkt. Weit reichende technische Innovationen – nicht nur bei Öl- und Gasfeuerungen –, sondern vor allem auch bei Feuerungen für feste Brennstoffe im kleinen Leistungsbereich (kleiner als 15 Kilowatt) wurden nach Angaben der AdK von den Herstellern freiwillig angeboten, ohne dass sie vom Gesetzgeber durch eine Grenzwertvorgabe dazu gezwungen wurden. Folge: Die Schadstoffemissionen dieser neuen Geräte lägen weit unter den gesetzlich vorgegebenen Normen. Auch die Entwicklung neuer Brennstoffe, zum Beispiel Pellets, und damit einhergehend neuer Feuerstätten zeige das erhebliche Innovationspotential.

## Die wichtigsten Zeichen für gute Qualität

Der von Ihnen zum Kauf ins Auge gefasste Ofen muss das „Ü"-Zeichen aufweisen, das die Übereinstimmung mit den nationalen Normen signalisiert. Mit diesem Zeichen verspricht Ihnen der Hersteller also im Klartext, dass der Ofen mit den in den DIN-Vorschriften festgelegten Maßstäben übereinstimmt. Das „Ü"-Zeichen weist oben den Hersteller des Ofens aus, darunter die Vorschrift, mit der das Produkt übereinstimmt. Im untersten Feld kann in Ausnahmefällen eine Zertifizierungsstelle genannt sein. Das DIN-plus-Zeichen erhalten zum Beispiel Heizeinsätze mit besonders geringen Emissionswerten. Ein CE-Zeichen genügt in Deutschland eventuell nicht, da es nur eine Übereinstimmung mit den Europäischen Normen garantiert. Ein „Z" bekommen hochwertige Holzbrand-Heizeinsätze. Außergewöhnlich ist das RAL-Zeichen, weil es als „Gütezeichen handwerklicher Kachelofen" die Kombination von hoher Produktqualität mit erstklassiger Leistung des Ofenbauers fordert.

Quelle: AdK, Brunner, Gütegemeinschaft

## Feuerstätten-Prüfstellen

Die nach den Landesbauordnungen anerkannten Prüfstellen tragen mit dazu bei, dass nur geeignete Feuerstätten in den Markt kommen. Aufgabe der Prüfstellen ist die Erstprüfung von Haushaltsfeuerstätten nach den entsprechenden DIN-Normen hinsichtlich Betriebs- und Brandsicherheit, Funktion und Umweltverträglichkeit. Darüber hinaus wirken die Prüfstellen zusammen mit dem Gesetzgeber, der Industrie (Feuerstättenhersteller, Brennstoffproduzenten) und Hochschulen dabei mit, den Stand der Technik hinsichtlich Emissionsverhalten und Funktionalität der Feuerstätten weiter zu verbessern. Dazu werden Forschungsarbeiten initiiert oder selbst durchgeführt. Wesentliche Themen sind zum Beispiel die Reduzierung der Emissionen, die stetige Verbesserung der Sicherheitstechnik, die Entwicklung alternativer Dämmmaterialien, die Verbesserung des Brandschutzes sowie die Erarbeitung neuer Prüfnormen. In verschiedenen Satzungen oder Verordnungen von Städten und Gemeinden über die Verwendung fester Brennstoffe werden die anerkannten und neutralen Prüfstellen zur Zertifizierung des Emissionsrichtwertes der Feuerstätten herangezogen.

Text und Foto: RWE Rheinbraun Brennstoff GmbH

# Kachelöfen: Sinnbild der Behaglichkeit

Traditionell: Ein Kachelofen, der vorwiegend in ländlichen Gegenden und Bauernhäusern zu finden ist. Befeuert wird er mit dem Holzbrandofen von Brunner. Preis auf Anfrage.

Kombination: Dieser Kachelkamin von Gutbrod verbindet den Blick auf das Feuer mit behaglicher Strahlungswärme. Preis auf Anfrage.

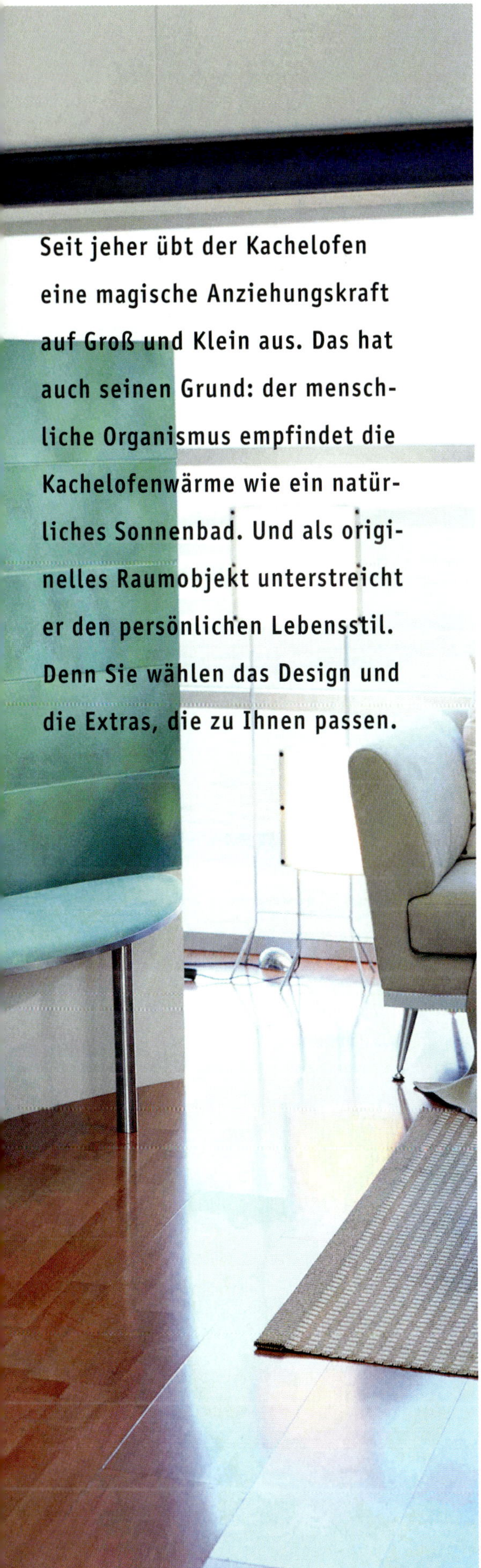

Seit jeher übt der Kachelofen eine magische Anziehungskraft auf Groß und Klein aus. Das hat auch seinen Grund: der menschliche Organismus empfindet die Kachelofenwärme wie ein natürliches Sonnenbad. Und als originelles Raumobjekt unterstreicht er den persönlichen Lebensstil. Denn Sie wählen das Design und die Extras, die zu Ihnen passen.

Foto: Roter Hahn

Vielfalt ist Trumpf: Diese Ofenanlage von Ziegler hat viele Vorzüge. Ein Platz zum Liegen, ein Küchenherd mit Bratrohr, ein offener Kamin mit einer geschlossenen Glasscheibe, in dem auch Brot gebacken werden kann. Preis ca. € 22000.

Wärmender Mittelpunkt: In einer Umgebung, die ländliche Ursprünglichkeit atmet, ist der „Antika" von Jasba zu Hause. Preis ca. € 7500.

Eleganz und Tradition: Dies verbindet dieser wunderschöne Kachelofen von Weinberger mit seinen handgeformten Kacheln. Preis: auf Anfrage.

Solitär: Haubenofen mit Kerbschnitt von Angermayer. Die Motive nach alten Kupferstichen, Glasur in Erbsgrünmatt, Preis: ab € 5700.

Klassiker der Moderne: Die Salonöfen der 20er-Jahre bestechen durch ihre schlichte Eleganz. Zu beziehen sind diese Öfen bei Holtebrinck/Antike Kachelöfen. Preis ab € 7055.

Außergewöhnlich: Ein Ofen ohne Bögen und Rundungen von Stegemann. An kalten Wintertagen lädt die beheizte Bank zum gemütlichen Sitzen ein. Preis ab € 13 000.

Als wäre es ein Bild von Mondrian: In drei Farben gestaltet ist dieser Hypokaustenkachelofen mit Kellerheizung von Schätzle. Preis ab € 13 800.

Rokoko lässt grüßen: Eine der ersten Formen des Kachelofens überhaupt, die auch heutzutage noch viele Liebhaber findet. Hier das Modell „Rokokova kamna“ von Kant Kachelofen. Preis auf Anfrage.

Alpenländisch: Typisch für diese Gegend ist der Sesselofen, der nicht nur für Wärme sorgt, sondern auch dafür, dass hier gekocht und gebacken werden kann. Holtebrinck/Antike Kachelöfen. Preis ca. € 7055.

# Grundofen und Warmluftofen

Grundsätzlich gibt es zwei verschiedene Haupttypen von Kachelöfen – den Grundofen und den Warmluftofen. Wir erklären hier die Unterschiede.

## Auf Umwegen mehr Leistung

Dass der Grundofen noch immer so beliebt ist, liegt daran, dass er zum einen mit seiner Strahlungswärme gemütliche Wärme erzeugt und zum anderen in der Lage ist, mit seinem dicken Kachelmantel diese Wärme lange zu speichern.

Charakteristisch für diesen frei stehenden Typus sind der vor Ort gesetzte, zweischalig gemauerte Feuerraum und die Nachheizzüge, auch Rauchkanäle genannt. Deren Aufgabe ist es, die bei der Verbrennung entstehenden Heizgase zum Schornstein weiterzuleiten und gleichzeitig Wärme an die Ofenwände abzugeben. Dabei nutzt man thermische Gesetze und lässt die Gase durch so genannte Sturz-, Steig-, Liege- und Deckzüge zum Schornstein gelangen, man erreicht also gewissermaßen auf Umwegen mehr Heizleistung. Wichtig ist, dass die Länge der Züge richtig berechnet ist; am besten macht das der Kachelofenbaumeister. Sind die Züge nämlich zu kurz, wird unnötig Energie verschwendet, sind sie zu lang, kühlen die Rauchgase unter den Taupunkt. Die Folge: Sowohl Ofen als auch Schornstein versotten.

**Funktion Grundofen**

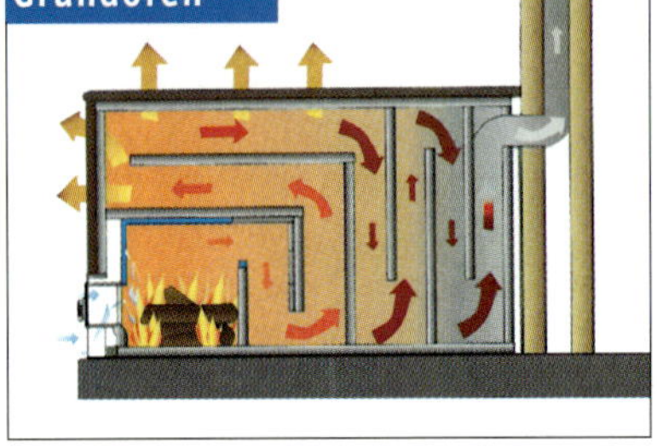

**Die Grafik zeigt, wie die thermischen Gesetze genutzt werden. Durch den langen Weg der Gase bis zum Schornstein erreicht man viel Heizleistung.**

Vor unliebsamen Explosionen schützt ein in die Nachheizzüge eingebauter so genannter Bypass. Im Herzen des Ofens können auf Grund unvollständiger Verbrennungen Schwelgase entstehen, wenn die Ofentür zu früh geschlossen wird und so zu wenig Sauerstoff in den Ofen gelangt. Um zu verhindern, dass diese Gase sich beim Öffnen der Tür explosionsartig entzünden, sorgt der Bypass dafür, dass die Gase auf dem kürzesten Weg zum Schornstein gelangen.

Die Ofenwände speichern die Wärme und geben sie zeitverzögert als Strahlungswärme an den Raum ab. Außer Strahlungswärme erzeugt der Grundofen auch Konvektionswärme. Luft erwärmt sich an den großflächigen Kachelwänden und steigt nach oben, kühlere Luft nachziehend. Das Verhältnis Strahlungs- zu Konvektionswärme beträgt etwa 55 zu 45 Prozent.

In der innen mit Schamotte ausgestatteten Feuerstelle wird normalerweise nur Holz verwendet. Die dicht, aber elastisch eingebaute Feuerraumtür besitzt eine fest und luftdicht verschließbare Zuluftöffnung. Durch diese strömt oberhalb des Feuers je nach Einstellung Sekundärluft in den Ofen. Diese Nachverbrennung der Gase macht das Feuer sauberer und erhöht den Wirkungsgrad, der beim Grundofen bis zu 92 Prozent betragen kann.

Je nach Stärke der Ofenuntermauerung – bis zu 15 Zentimeter, einschließlich der Kacheln – unterscheidet man beim Grundofen leichte, mittelschwere oder schwere Versionen. Grundsätzlich gilt: Je dünner die Ummauerung, desto kürzer die Anheizzeit, desto geringer allerdings auch die Speicherfähigkeit des Ofens. Ein leichter Grundofen muss mehrmals, ein schwerer dagegen nur einmal pro Tag mit Brennstoff versorgt werden.

Der relativ träge Grundofen – die Anheizzeit beträgt immerhin etwa zwei bis vier Stunden – kann nur über die Menge des verheizten Brennstoffs reguliert werden. Beliebig drauflosfeuern ist nicht anzuraten. Ist nämlich die maximale Oberflächentemperatur erreicht, geht die überschüssige Wärme einfach zum Schornstein raus. Der Grundofen ist also grundsätzlich eher als Dauerheizung geeignet.

In der Regel beheizt er nur einen Raum, zumal er nicht direkt an die Wand gebaut ist. Denkbar ist jedoch auch der Bau durch die Wand; das spart Platz, setzt aber genügend Heizleistung für zwei Räume voraus. Doch da der Grundofen von 3,5 bis 12 kW ausgelegt werden kann, dürfte das keine Probleme bereiten.

## Hier liegt die Wärme in der Luft

Der Warmluftofen eignet sich je nach Ausführung bestens dazu, mehrere Räume oder sogar ganze Etagen mit wohliger Wärme zu versorgen. Im Unterschied zum Grundofen erzeugt der Warmluftofen, wie schon der Name sagt, Wärme über die Raumluft, die als unmittelbarer Wärmeträger genutzt wird. Je nach Ausführung variiert die Konvektionswärme im Verhältnis von etwa 60 bis 70 Prozent Konvektions- und 30 bis 40 Prozent Strahlungswärme.

Der Ofen besteht aus einem Gussheizeinsatz und einem Nachheizkasten aus Stahlblech

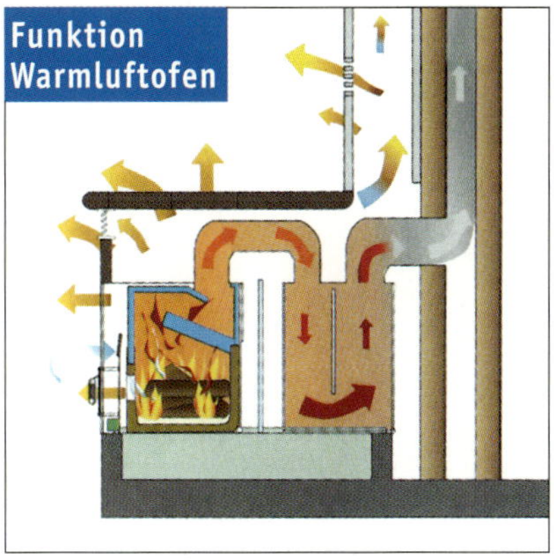


**Der Warmluftofen setzt die Raumluft als unmittelbaren Wärmeträger ein. So lassen sich damit mehrere Räume heizen.**

oder Gusseisen, auch keramische Nachheizflächen werden eingesetzt, dies erhöht den Strahlungsanteil und die Dauer der Wärmeabgabe. Unter dem Ofensockel tritt Raumluft zwischen Heizeinsatz und Kachelwände, erwärmt sich an dem heißen Heizeinsatz oder am Nachheizkasten und steigt dann empor. Durch verstellbare Warmluftgitter oder Gitterkacheln tritt die Warmluft wieder in den Raum ein.

Bei diesem Vorgang erwärmen sich auch die Kachelwände, die wiederum Strahlungswärme abgeben. Je nach Einstellung der Luftklappen erhöht sich der Anteil der Strahlungswärme.

Warmluftkachelöfen können zwar Wärme nicht so gut speichern, sie sind dafür aber schnell warm, außerdem lässt sich die Speicherfähigkeit steigern, wenn statt eines Nachheizkastens keramische Heizgaszüge eingebaut werden. Wird die Warmluftheizung per Schwerkraft betrieben, erfolgt die Umwälzung der Umluft durch natürlichen Auftrieb. Es besteht aber auch die Möglichkeit, unter dem Heizeinsatz einen Ventilator einzubauen. Die geringe Erwärmung der Luft wird durch die höhere Geschwindigkeit und den größeren Luftumsatz kompensiert. Außerdem erwärmt das Ventilator-System zuverlässig auch entferntere Räume.

Da der Warmluftofen zum größten Teil Konvektionswärme erzeugt, sollte darauf geachtet werden, dass er nicht unnötig viel Staub aufwirbelt. Heizkammer und Warmluftkanäle sind deshalb regelmäßig zu reinigen.

Die Kachelofen-Warmluftheizung wird auf Grund ihrer Leistung von bis zu 17,5 kW meist zur Beheizung mehrerer Räume oder Etagen eingesetzt. Dann steht der Ofen im Zentrum dieser Räume, die entweder direkt oder über Kanäle mit Warmluft versorgt werden. Auch Räume in Etagen über dem Kachelofen können mit Hilfe regulierbarer Kanäle erwärmt werden.

Wird der Warmluftofen im Keller aufgestellt, muss der Heizeinsatz mit einer wärmegedämmten Heizkammer umbaut werden. Auch die Decke sowie die Gebäudewände der Heizkammer müssen unbedingt gedämmt werden. Verteilungskanäle führen die Wärme in die oberen Etagen, bei Schwerkraftbetrieb senkrecht, bei Ventilatoreneinsatz waagrecht unter der Kellerdecke. Wichtig hierbei sind die Brandschutzvorschriften.

Heizeinsätze werden für mehrere Brennstoffe angeboten: Holz, Kohle, Öl, Gas. Es gibt auch mit Strom arbeitende Öfen. Im Unterschied zur Leistung fällt der Wirkungsgrad des Warmluftofens mit 75 bis 82 Prozent geringer aus als der des Grundofens, im Festbrennstoffbetrieb bei Öl- oder Gasheizeinsätzen sind höhere Wirkungsgrade bis etwa 90 Prozent zu erreichen.

**Der Grundofen ist der Klassiker schlechthin unter den Kachelöfen. Wer es in den eigenen vier Wänden gern schnell warm hat, ist mit dem Warmluftofen gut bedient.**

**Klaus Hermann, Buderus**

## Hypokaustenheizung

Sie wollen schnell aufheizen und trotzdem Wärme gut speichern können, Sie wollen nur mit Strahlungswärme heizen – mit anderen Worten, Sie wollen die Vorzüge des Grundofens und des Warmluftofens miteinander verbinden? Dann ist die Hypokaustenheizung richtig für Sie. Kern einer solchen Anlage ist ein doppelschaliger Ofen mit Heizeinsatz und Nachheizkasten. Die am Heizeinsatz sich erwärmende Luft strömt nach oben und gibt die absorbierte Energie an die Außenhaut weiter. Dadurch abgekühlt, sinkt die Luft nach unten und strömt wieder zum Heizeinsatz zurück. Der ganze Vorgang spielt sich in einem geschlossenen System ab; die Warmluft erwärmt große Ofenoberflächen und, sofern vorgesehen, auch große Wandflächen. Die Hypokaustenheizung sollte wegen ihrer aufwendigen Bauweise bereits bei der Gebäudeplanung berücksichtigt werden.

Abbildungen: Max Blank, MEZ

# Kamine: Romantik pur

**Im Gegensatz zu Kachelöfen waren Kamine schon immer in Schlössern oder in schönen Herrschaftshäusern zu finden. Und es hat immer noch viel mit Romantik zu tun, mit einem Buch vor dem Kamin zu sitzen.**

Reminiszenz an die gute alte Zeit: So ähnlich sahen sie sicher aus, die Öfen, die in alten Schlössern standen. Dieser Ofen von Hans-Peter Lechner ist aber aus der Neuzeit. Versehen mit allen technischen Raffinessen. Preis: ca. € 23 000.

Foto oben: Tonart

Speckstein hat seine eigene Ausstrahlung. Der „TU 1000/6“ ist ein schlichtes und anpassungsfähiges Modell. Immer jedoch bleibt er ein solider, zuverlässiger Ofen mit eleganten Formen. Preis ab etwa € 6000.

Kontrastreich: Weiß und Rot als Umrahmung für das flackernde Kaminfeuer. Die Wärme wird bei dem Speicherkamin von Biofire nicht über aufgeheizte Luft erzeugt, sondern über Steine als Strahlungswärme. Preis auf Anfrage.

Schlicht und edel: Der „Champagne“ von Austroflamm. Aber bei genauerem Hinsehen setzen edle Marmorsimse und die Bodenplatte, ebenfalls in Marmor, stilvolle Akzente. Preis: ca. € 3108.

Transparent: Feuer, so weit das Auge schaut. Und das von allen Seiten. Das bietet der „Octuor 107“ von Arkiane. Preis ab ca. € 8585.

Futuristisch: Dieser offene Kamin von Schätzle, in Form einer Edelstahlröhre, ist für Menschen gedacht, die das Außergewöhnliche lieben. Seine schräge Form kommt am besten in einem dazu passenden Umfeld zur Geltung. Beheizt wird er mit Holz. Preis ab ca. € 11 595.

Goldene Zeiten: Groß in Mode ist die Farbe Gold, auch bei Kaminen, wie hier der „N 11“ von Scholl. Der Ofen steht auf einer massiven Messingplatte, in der sich der ganze Kamin spiegelt. Preis ab ca. € 20 450.

Warm und heiter: Das ist das Merkmal der Öfen aus der Keramikwerkstatt Tonangebend, wie bei diesem Modell zu sehen ist. Preis ab € 8436.

Eine ausgefallene Lösung: Hier präsentiert sich eine Feuerstelle, die mit Porenbeton ummantelt wurde und ihr attraktives Aussehen durch die patinierten Edelstahl-Schilde erhielt. „Idee 1341“ von Openfire Rösler. Preis ab ca. € 7500.

Spiel mit Formen: Beim Modell „79Vrijh" von Boley begegnen sich Entspannung und Inspiration. Beim Blick auf die offene Feuerstelle wird man zum Träumen angeregt. Preis ab ca. € 9200.

Rundum drehbar: Der frei stehende Heizkamin „Taiko" von Attika lässt sich leicht um 360 Grad drehen und in die Richtung des Wohnraumes ausrichten, wo man sich gerade aufhält. Preis ab ca. € 5115.

Klar und schnörkellos: Für Liebhaber klassischer Öfen ist dieser Ofen von Tonart mit seinen dunkelblauen Kacheln und der riesigen Scheibe. Preis ab ca. € 12 275.

# Heizkamine

Äußerst geringer Brennstoffnutzungsgrad, erhebliche Emissionen und Zweckentfremdung als private Müllverbrennungsanlage – gewichtige Gründe sprechen gegen den guten alten offenen Kamin. Doch keine Bange, dank des modernen Heizkamins müssen Sie nicht auf prasselndes Feuer verzichten.

Schon vor längerer Zeit – um genau zu sein, im Zuge der ersten Energiesparwelle in den siebziger Jahren – wurde radikal umgedacht. Seither werden offene Kamine vermehrt als Luftheizung gemauert oder mit Heizeinsätzen ausgestattet. Dies hat den Vorteil, dass die Energieausbeute steigt, auch wenn die Feueröffnung offen bleibt. Deshalb spielt heute der klassische offene Kamin keine bedeutende Rolle mehr und ist in verschiedenen Gebieten auch gar nicht mehr zugelassen.

Aber mal ehrlich – war es denn wirklich so gemütlich, wenn nur ein offener Kamin das Zimmer erwärmte und es auch noch dank undichter Fenster mächtig zog, mit der Folge, dass man vorne Wärme abbekam, hinten aber ordentlich fror?

Also eigentlich kein Grund zur Klage. Zumal die heutigen ofenähnlichen Kamine, deren Feueröffnungen durch Türen größtenteils verschlossen sind, auch noch effizienter und sparsamer heizen. Der Luftverbrauch schrumpft auf einen Bruchteil dessen, was ein offener Kamin zum Schornstein hinausjagt.

Aber um den Blick auf das offene Feuer nicht zu verlieren, hat sich die Industrie im Laufe der Jahre einiges einfallen lassen: Türen zum Öffnen, Scheiben aus Glas – der Traum von der knisternden Kaminromantik ist noch lange nicht ausgeträumt.

## Noch effizienter und sparsamer heizen

Bei den heutigen modernen geschlossenen Kaminen handelt es sich in der Regel um Warmlufteinsätze für Heizkamine mit Luftheizung aus starkem Eisenblech oder aus Gusseisen. Um die wärmeab-

**Dies ist nur eine von vielen Möglichkeiten, wie Sie Ihren Heizkamin gestalten können. Die Scheibenführung des Kamineinsatzes erlaubt die größtmögliche Sicht auf die Flammen. Hagos**

**Heizkamine arbeiten in einem geschlossenen System und erreichen deshalb beachtliche Nutzungsgrade von bis zu siebzig Prozent. Als Brennstoffe eignen sich neben Holz auch Kohlenbriketts.**

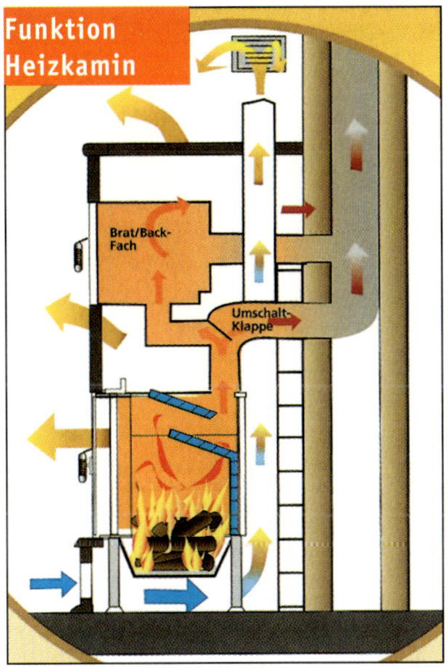


gebende Fläche möglichst groß zu gestalten, sind auf der Rückseite meist Rippen angegossen. So kann vorbeiströmende Luft mehr Wärme aufnehmen.
Aus dem Heizkasten wird die erwärmte Luft an den Seiten der Feueröffnung oder darüber in den Aufstellungsraum zurückgeführt. Als Variante kann die Warmluft auch in einen Nachbarraum geführt werden. Die Rauchgase werden separat von der Warmluft zum Schornstein geleitet. Um die Umbaukosten gering zu halten, bieten einige Hersteller Warmluftkassetten an, die nur ganz einfach in den Feuerraum des Kamins hineingeschoben werden.

## Der Nutzungsgrad liegt bei etwa 70 Prozent

Der Nutzungsgrad liegt beim geschlossenen Heizkamin bei maximal 70 Prozent im Gegensatz zu den doch recht dürftigen 10 bis 20 Prozent, die bei offenen Kaminen erreicht werden. Die Leistung beträgt bis zu 9 kW. Außer Konvektionswärme kann bei entsprechender Gestaltung des Kamins, zum Beispiel mit Kacheln, zusätzlich Strahlungswärme gewonnen werden.

Während im klassischen offenen Kamin ausschließlich Feuerholz verfeuert werden darf, können in Kamineinsätzen und -kassetten, wenn in der Bedienungsanleitung als geeignet ausgewiesen, auch Braunkohlen- und Steinkohlenbriketts verfeuert werden. Dies gilt aber nur bei geschlossener Betriebsweise. Voraussetzung ist ein Rost im Feuerraumboden mit darunter liegendem Aschekasten. Bei offener Feuerraumtür darf nur trockenes Scheitholz verwendet werden.

Beim Betrieb eines Heizkamins ist das Frischluftsystem dem Umluftsystem vorzuziehen. Der verschwelende Staub lässt die Umluft bald schlecht riechen und trocken werden, macht die Heizung also nicht gerade besonders hygienisch. Beim Frischluftsystem wird Luft über gesonderte Kanäle der Heizkammer zugeführt, die verbrauchte Raumluft dagegen wird durch die Zuluftöffnung der Ofentür ins Feuer gesaugt und gelangt dann durch den Schornstein nach draußen. Die Atemluft ist viel sauerstoffreicher und auch nicht so trocken.

**Der Traum von der knisternden Kaminromantik ist noch lange nicht ausgeträumt. Um den Blick auf das offene Feuer nicht zu verlieren, gibt es Türen zum Öffnen, Scheiben aus Glas – die Industrie hat sich einiges einfallen lassen.**

**Klaus Hermann, Buderus**

### Wirkungsgrad

**Offener Kamin**

| | |
|---|---|
| Wärmeabgabe: | Strahlung aus dem Feuerraum |
| Brennstoff: | Holz |
| Wirkungsgrad: | ca. 20 Prozent |
| Betrieb: | nur mit offenem Feuerraum, gelegentlich |

eigener Schornstein erforderlich

**Heizkamin mit Kamineinsatz/-kassette (Feuerraum offen/geschlossen)**

| | |
|---|---|
| Wärmeabgabe: | konvektiv (Luft) und Strahlung |
| Brennstoff: | |
| offen: | nur Holz |
| geschlossen: | Holz, Braun- und Steinkohlenbriketts |
| Wirkungsgrad: | |
| offen: | ca. 40 Prozent |
| geschlossen: | > 60 Prozent |

eigener Schornstein erforderlich

**Heizkamin mit Kamineinsatz/-kassette mit selbstschließender Türe (nicht offen)**

| | |
|---|---|
| Wirkungsgrad: | 70 Prozent |

Mehrfachbelegung am Schornstein möglich

# Kaminöfen: Mobilität ist Trumpf

Foto: Energetec

**In der Großstadt ist der Kaminofen zu Hause. Mobil, agil und stets gut in Form setzt er mit seinen gewagten Outfits Trends, sorgt aber auf der anderen Seite für wohlige Wärme. Auch einen Umzug scheut er nicht, denn er wird einfach eingepackt und mitgenommen.**

Mobiler Traditionalist: Das Design des „Jøtul F 100" vereint norwegische Kultur und Tradition. Große Glastüren geben den Blick auf das Feuer frei. Preis ab ca. € 959.

Der „Irony S" von Austroflamm überzeugt durch sein modernes Auftreten verbunden mit natürlicher Wärme. Preis ab ca. € 4827.

Pellets groß im Kommen: Der Primärofen „Top-Line" von Wodtke besticht durch seine Seitenverkleidung in Speckstein natur und den Design-Türgriff in Aluminium. Preis ab € 7064.

Ganz schön schräg: Der „Prisma L" von Blank beweist, dass schräge Typen witzig und auch außerordentlich praktisch sein können. So bietet er zum Beispiel viel Platz für das Holz. Preis ab ca. € 4100.

Der richtige Partner für kalte Tage: Der „Svendborg" von Olsberg. Er hat eine Heizleistung von 9 kW und verfügt über ein mit Speckstein ausgekleidetes Wärmefach. Preis ab ca. € 3835.

Variable Gestaltung: Bei den Goldfeuer-Kaminen von MEZ kann man unter 54 verschiedenen Glasurfarben wählen. Preis ab ca. € 4570.

Hoch hinaus: „Vulcano 2" von Accent. Der Kamin steht auf einem Rundsockel, durch den Frischluft von unten in die Feuerstelle strömen kann. Preis ab ca. € 5470.

Feuer und Wasser bilden eine Einheit beim Koppe Kaminofen „Opus liquido". Eingerahmt werden die Flammen von zwei beleuchteten, sprudelnden Wassersäulen zu beiden Seiten der Sichtscheibe. Preis: ca. € 2500.

Schmal und elegant:
Der „blueline Nr. 6“
von Buderus. Dieser
Ofen wird schnell zum
Blickfang und behaglichen Mittelpunkt.
Preis ab ca. € 2579.

Hohe Wärmespeicherfähigkeit: Der „Aurora Flammea“ von Tulikivi. Durch das Material Speckstein reichen ein bis drei Stunden Einheizen für 12 – 24 Stunden wohlige Wärme im Raum. Preis ab ca. € 19 045.

Barock zu jeder Zeit: Es gibt Stile, die immer up to date sind, wie dieser Füllregulierkochofen von Märchenofen. Preis ab ca. € 17 744.

Pures Vergnügen: Dieser Ofen von Camina wird einfach aufgestellt und sorgt für punktuelle Wärmeabgabe. Preis auf Anfrage.

# Kaminöfen

Wer auf das Feuererlebnis nicht verzichten, dabei aber um einiges effizienter heizen will als mit dem klassischen offenen Kamin, ist mit einem Kaminofen gut beraten. Erst seit Ende der 70er Jahre auf dem deutschen Markt, hat er sich dort inzwischen einen festen Platz gesichert.

Die verglaste Feuerraumtür macht's möglich: Die Betreiber genießen den schönen Blick auf die lodernden Flammen, sie genießen aber auch den im Vergleich zur offenen Flamme höheren Wirkungsgrad und dies bei gleichzeitig geringerem Schadstoffausstoß.

## Kaminöfen erzeugen Konvektionswärme

Zur Verdeutlichung ein paar Zahlen: Hat offenes Kaminfeuer einen Wirkungsgrad von nur 10 bis 20 Prozent, erreicht ein Kaminofen bei geöffneten Türen immerhin schon 60 und bei geschlossenen Türen sogar 70 bis 80 Prozent. Wie beim Warmluftofen handelt es sich auch beim Kaminofen um eine Heizquelle, die überwiegend Konvektionswärme erzeugt. Zwischen dem Ofeninnenkörper und der Verkleidung befinden sich Luftkanäle, in welche kühle Raumluft einströmt, sich erwärmt und dann wieder dem Aufstellungsraum zugeführt wird. Warmluftgebläse sind in den meisten Fällen überflüssig. Zum Teil „verarbeiten" die Öfen auch Frischluft.

Um den aus skandinavischen Ländern stammenden Kaminofen in das deutsche Bau-, Sicherheits- und Umweltrecht zu integrieren, wurde die DIN 18891 „Kaminöfen für feste Brennstoffe" definiert. Ob ein Gerät die Norm erfüllt, überprüft eine dafür zuständige Prüfstelle. Fällt das Ergebnis positiv aus, erhält der Kaminofen die so genannte DIN-Registernummer, die extra beantragt werden muss. Der Verbraucher sollte darauf achten, dass er nur einen Kaminofen mit einer solchen Registernummer betreibt. Allerdings werden diese durch eine europäische Normung abgelöst.

**Einen schönen, großen Ausblick auf die Flammen bietet der Kaminofen „Präsident-Panorama" mit schwarzer Stahlblechverkleidung. Er hat eine Nennwärmeleistung von sieben kW. Hagos**

Wichtig ist auch, dass auf dem Typenschild das Ü-Zeichen steht. Mit dem Ü-Zeichen wird die Übereinstimmung zur DIN-Norm oder Euro-Norm erklärt. In jedem Fall ist es ratsam, sich im Vorfeld einmal vom zuständigen Bezirksschornsteinfegermeister beraten zu lassen.

## Geschlossener oder offener Feuerraum

Je nach Feuerraumtür gibt es zwei Bauarten. Kaminöfen der Bauart 1 haben selbstschließende Türen, so dass ein Schornstein mehrfach belegt werden kann. Kaminöfen der Bauart 2 sind vorgesehen für wahlweisen Betrieb mit geschlossenem oder offenem Feuerraum; sie sind an einem eigenen Schornstein anzuschließen. Wenn das Feuer richtig lodert, kann man – sofern man einen Ofen der Bauart 2 hat – die Tür öffnen, so dass man wie vor einem offenen Kamin sitzt. Ist nur noch Glut übrig, kann man die Tür wieder schließen, was den Vorteil hat, dass weniger aufgeheizte Zimmerluft durch den Kamin gejagt wird. Der Feuerraum eines Kaminofens ist meist mit einem Feuerrost und darunter liegendem Aschekasten ausgestattet, so dass außer Holz auch Braunkohlenbriketts verfeuert werden können, mit Rostkorb und Rostmulde auch Steinkohlenbriketts.

Der Kaminofen ist kein Dauerbrandofen. Auf Grund der Flachfeuerung kann nur eine geringe Brennstoffmenge auf einmal aufgelegt werden, also etwa 4 Kilogramm Scheitholz oder 2 bis 3 Kilogramm Braun- oder Steinkohlenbriketts. Diese Brennstoffmenge reicht in der Regel für eine Betriebsdauer von 1 bis 1,5 Stunden bei Nennwärmeleistung. Wird mit Briketts geheizt, ist immerhin eine so genannte Gluthaltung von bis zu zehn Stunden möglich.

Seitdem die ersten Kaminöfen in Deutschland in Betrieb genommen wurden, hat sich diese Heizungsart auch optisch weiterentwickelt. Aus den einst nur aus Stahlblech gefertigten Öfen wurden Gestaltungselemente; sie sind mit mineralischen und keramischen Baustoffen verkleidet oder, bei der klassischen Stahlversion, mit beständiger farbechter Lackierung versehen.

### Heizwert von Hölzern

| Baumart | Heizwert je Raummeter/kWh | Heizwert je kg/kWh |
|---|---|---|
| Ahorn | 1900 | 4,1 |
| Birke | 1900 | 4,3 |
| Buche | 2100 | 4,0 |
| Eiche | 2100 | 4,2 |
| Erle | 1500 | 4,1 |
| Esche | 2100 | 4,2 |
| Fichte | 1500 | 4,5 |
| Kiefer | 1700 | 4,4 |
| Lärche | 1700 | 4,4 |
| Pappel | 1200 | 4,1 |
| Robinie | 2100 | 4,1 |
| Tanne | 1400 | 4,5 |
| Ulme | 1900 | 4,1 |
| Weide | 1400 | 4,1 |

**Seit Ende der 70er Jahre die ersten Kaminöfen in Deutschland aufgestellt wurden, hat sich diese Heizungsart auch optisch weiterentwickelt. Aus den Stahlblechöfen sind wärmespendende Gestaltungselemente geworden.**

**Klaus Hermann, Buderus**

### Wirkungsgrad

| Kaminofen (mit verschließbarem Feuerraum) | |
|---|---|
| Wärmeabgabe: | konvektiv (Luft) und Strahlung |
| Brennstoff: | |
| offen: | Holz |
| geschlossen: | Holz, Braun- und Steinkohlenbriketts |
| Wirkungsgrad: | |
| offen: | > 45 Prozent |
| geschlossen: | > 70 Prozent |
| Bauart 1: | nur geschlossen zu betreiben |
| Bauart 2: | offen und geschlossen zu betreiben |
| eigener Schornstein bei Bauart 2 erforderlich | |

Foto: Nibe

# Brennstoffe im Überblick

**Unabhängig sein! Das ist der Wunsch vieler Bauherren, wenn es um die Wahl des Brennstoffes geht. Ein genauer Blick auf die verschiedenen Heizmaterialien lohnt sich. Auch ein Vergleich von Umweltaspekten und Brennstoffkosten sollte vor dem Kauf eines Ofens nicht außer Acht gelassen werden.**

Waren Kachelöfen, Heizkamine oder Kaminöfen in den letzten Jahrzehnten überwiegend als Zusatzheizung im Einsatz, zeigt sich in den letzten Jahren ein stärkerer Trend zurück zur Ganzhausheizung. Besonders der niedrige Wärmebedarf neuer Häuser unterstützt diesen Trend, der auch durch ein verstärktes Umweltbewusstsein geprägt ist.

War der Siegeszug vor allem der Öl-Zentralheizung in den 70er Jahren bedingt durch den hohen Bedienkomfort nicht zu stoppen, stellen die kleinen kompakten Einzelöfen jetzt wieder eine echte Alternative hierzu dar.

Und auch die technische Weiterentwicklung hat hier nicht Halt gemacht und so bietet der Markt eine Vielzahl an solchen modernen, schadstoffarmen und umweltfreundlichen Feuerungen für die verschiedenen Brennstoffe Öl, Gas, Holz/Holzbriketts, Holzpellets und Kohle.

Nicht zu verschweigen: Auch Strom steht jetzt nach der Liberalisierung der Strommärkte als Sekundärenergieträger mit einigermaßen vernünftigen Preisen zur Verfügung – allerdings muss für die Erzeugung von 1 Kilowatt Strom immer noch fast die dreifache Energiemenge an den vorstehenden Brennstoffen eingesetzt werden; folglich wird dadurch auch die dreifache Menge an umweltschädlichem $CO_2$ erzeugt.

Bei dem Gesichtspunkt der Umweltverträglichkeit müssen nämlich vordergründig die $CO_2$-Emissionen der einzelnen Brennstoffe verglichen werden. Die $CO_2$-Emissionen sind nämlich, im Gegensatz zu den anderen Emissionen, bei der Verbrennung allein brennstoffbedingt und hängen somit nicht von der Verbrennungs- oder Feuerungsqualität ab.

## Öl, Gas und Kohle sind endlich

Öl, Gas und Kohle setzen bei ihrer Verbrennung zusätzliches $CO_2$ frei, das für den Treibhauseffekt hauptverantwortlich ist. Und sie sind keine nachwachsenden Rohstoffe, sondern werden irgendwann aufgebraucht sein. Holz, Holzbriketts oder Holzpellets setzen beim Verbrennen kein zusätzliches Kohlendioxid frei, da beim Verrotten des Holzes die gleiche Menge Kohlendioxid freigesetzt werden würde wie beim Verbrennen. Beim Nachwachsen der Bäume wird die gleiche Menge dieses Luftschadstoffs wieder gebunden, die bei der Verbrennung oder dem Verrotten freigesetzt worden ist – der Kohlenstoffkreislauf bleibt geschlossen. Vorteil ist auch, dass es sich bei Holz um einen heimischen und nachwachsenden, also regenerativen Energieträger handelt. In Deutschland legt beispielsweise der Waldbestand jährlich um mehrere hunderttausend Festmeter zu.

Gerade in Niedrig- oder Passivhäusern können Einzelöfen noch viel mehr als in „normalen" Häusern zur Gesamtwärmeversorgung beitragen. Dies wird deutlich wenn man bedenkt, dass ein solches Einfamilienhaus nur noch um die 5 Kilowatt für die gesamte Heizwärmeversorgung benötigt. Theoretisch kann dies zum Beispiel problemlos mit einem einzigen Kaminofen

## Brennstoffkosten wirken sich langfristig aus

Wichtiges Entscheidungskriterium ist der Preis der einzelnen Energieträger. Hier hat sich, bedingt durch den extremen Anstieg der Ölpreise im letzten Jahr, eine völlig neue Situation zu Gunsten der erneuerbaren Energieträger ergeben. Parallel dazu sinkt der Absatz an Öl und Gas in den letzten Jahren kontinuierlich und wird zukünftig für weitere Preisanstiege sorgen. Die Steuergestaltung verstärkt diesen Trend noch weiter.

Durch die in Deutschland gültige Preisbindung zwischen Gas und Öl gilt diese Tendenz in fast gleichem Maße auch für den Gaspreis. Gewinner sind Holz, Holzbriketts, Kohlen und Strom. Wenn man davon ausgeht, dass die Heiztechnik sich bei allen Energiearten so weit entwickelt hat, dass kaum noch große Unterschiede in den einzelnen Wirkungsgraden und Investitionskosten bestehen, so ist der Preis pro Kilowatt der verschiedenen Energieträger ein Indiz für die jeweils preisgünstigste Energieart. Höhere Investitionskosten für Holz- oder Pelletfeuerungen hat der Gesetzgeber in der Anfangsphase durch attraktive Förderprogramme ausgeglichen.

Es ergibt sich zur Zeit der Drucklegung des Buches folgende Reihenfolge: Pellets und die

erbracht werden, besonders wenn dieser mit einem Wasserwärmetauscher für die Versorgung entfernt liegender Räume ausgestattet ist.

## Spart Energie: Ofen im Wohnraum

Von Vorteil ist auch, wenn der Ofen im Wohnraum aufgestellt wird. Denn die Leitungs- und Bereitschaftsverluste, wie sie bei der Zentralheizung mit Speicher im Keller nicht zu verhindern sind, entfallen und machen den Einzelofen zu einem äußerst effizienten Wärme-Erzeuger.

Besonders interessant sind in diesem Zusammenhang die so genannten Primärofen-Kessel. Das sind einem Kaminofen vergleichbare Öfen, die im Wohnraum stehen, mit dem Brennstoff Holzpellets betrieben werden und effiziente, umweltfreundliche Wärme erzeugen.

Gerade Holz oder die aus Reststoffen der Holzverarbeitung erzeugten Holzbriketts und Holzpellets werden immer stärker zu Heizzwecken eingesetzt. Deshalb spielen diese Brennstoffe bei Kacheloten, Heizkaminen und Kaminöfen mit weitem Abstand die wichtigste Rolle. Dann folgen Braunkohlenbriketts und Kohle, vor Öl und mit weitem Abstand Gas und Strom.

| Energieträger | Heizöl EL | Erdgas H | Pellets | Stückholz (3-jährig) | Flüssiggas (Propan) | Nachtspeicher Strom |
|---|---|---|---|---|---|---|
| Liefereinheit/Gebinde | pro 100 Liter | pro 33 540 kWh inkl. Grundpreis | pro Tonne | pro $m^3$ | pro 100 Liter | pro kWh |
| Preis (Euro)* | 52,50 | 1.151,93 | 140,00 | 57,50 | 31,60 | 5,60 |
| Spez. Gewicht kg/m | 820 | --- | 650 | 450 | 507 | --- |
| Preis Euro/kg | 0,469 | --- | 0,140 | 0,128 | 0,623 | --- |
| Energiegehalt kWh/kg | 11,86 | --- | 5,3 | 4,0 | 12,87 | --- |
| **Preis Cent/kWh** | **5,398** | **3,816** | **2,641** | **3,194** | **4,843** | **5,600** |

* Da sich die Preise ständig ändern, haben wir nur auf Vergleichbarkeit Wert gelegt

ungefähr preisgleichen Holzbriketts sind der preisgünstigste Brennstoff, danach folgen Stückholz, Erdgas, Heizöl, Flüssiggas und Nachtspeicherstrom.

Unser Tipp: Anhand der Wärmebedarfs-Rechnung für einen Neubau oder der letztjährigen Ölverbrauchsrechnung kann man sich jetzt mittels unserer Tabelle leicht die jährliche Kosteneinsparung bei Wechsel des Energieträgers ausrechnen.

Es gilt folgende grobe Faustregel: 1 Liter Öl = 1 Kubikmeter Gas = 2,3 kg Pellets = 2,3 kg Holzbriketts = 3,0 kg Stückholz (mit 20 Prozent Restfeuchte).

## Regenerativ und natürlich: Holz

Von allen Brennstoffen ist Holz der älteste und natürlichste. Das faszinierende Flammenspiel trägt viel zur Behaglichkeit von holzbetriebenen Einzelöfen bei. Da nimmt man gern den fehlenden Komfort in Kauf, wie das Beschicken des Einzelofens mit dem schnell abbrennenden Holz. Holz wird durch Schlagen oder Fällen energiearm gewonnen, muss nicht aufwendig verarbeitet werden, benötigt keine langen Transportwege, kann einfach und gefahrlos gelagert werden, schadstofffrei verbrennen, bildet kaum Rückstände und lässt sich, weil verrottbar, auch problemlos entsorgen.

Der wichtigste Punkt für eine saubere Verbrennung ist jedoch die im Holz enthaltene Restfeuchte, die 20 Prozent nicht überschreiten darf. Der Heizwert von Holz liegt dann bei allen Sorten zwischen 4,0 und 4,5 kWh/kg.

Wenn Sie feuchtes Holz kaufen, erwerben Sie dagegen vor allem Wasser, der Heizwert von feuchtem Holz sinkt nämlich beträchtlich. Daher muss Holz nach dem Schlagen luftig und vor Regen und Feuchte geschützt mindestens zwei bis drei Jahre lang gelagert werden. Ist die Restfeuchte zu hoch, dann erreicht die Verbrennung nicht die notwendige Temperatur von bis zu 650 Grad Celsius und es entstehen zusätzlich Schadstoffe wie Kohlenmonoxid und flüchtige organische Verbindungen. Um die Restfeuchte zu bestimmen, gibt es preisgünstige Feuchte-Messgeräte für etwa 100 - 150 Euro im Handel. Bestes Brennholz hat eine Restfeuchte von 15 - 17 Prozent.

Zum Anzünden verwendet man am besten kleine, feine Holzstücke mit nicht zu großem Umfang und spezielle Holzanzünder aus gedrilltem und in Wachs getauchten Holzspänen. Papier und Pappe dagegen sind keine guten Anzünder und ersticken das Feuer. Die Verbrennung von behandeltem Holz in Einzelöfen ist grundsätzlich verboten, da hierbei giftige Furane und Dioxine entstehen.

## Holzbriketts und Holzpellets

Holzbriketts und Holzpellets werden durch Verpressen von Sägespänen unter hohem Druck ohne Bindemittel erzeugt. Hierdurch wird mit einem minimalem Energieaufwand das Ausgangsmaterial veredelt – vergleichbar zu der Erzeugung von Superbenzin aus dem Ausgangsstoff Erdöl. In der Folge haben Holzbriketts oder Holzpellets einen weitaus höheren Heizwert als Stückholz, nämlich 5,3 kWh/kg. Die Restfeuchte liegt unter 10 Prozent, so dass eine besonders schadstoffarme Verbrennung gewährleistet ist. Wichtig beim Kauf von Holzbriketts oder Holzpellets ist, dass beide Produkte den Normen entsprechen. Unser Tipp: DIN-geprüfte Qualität kann man durch einen entsprechenden Aufdruck auf der Verpackung erkennen oder man verlangt vom Hersteller ein entsprechendes Zertifikat von der Zertifizierungsgesellschaft DIN CERTCO.

So ist sichergestellt, dass nur naturbelassenes Holz verpresst worden ist und dass die Mindestheizwerte nach DIN eingehalten sind. Holzbriketts haben einen Durchmesser von rund 8 cm und eine Länge von 25 cm und werden wie Braunkohlenbriketts als Bündel- oder Palettenware angeboten.

Holzbriketts können in allen Öfen eingesetzt werden, die auch für Holz oder Braunkohlenbriketts zugelassen sind. Jedoch sollte man von Holzbriketts auf Grund des höheren Heizwertes etwas weniger nachlegen als für Holz angegeben. Auskunft gibt die Bedienungsanleitung des Herstellers oder eine Faustregel: Holzbriketts in kg = Holzmenge in kg x 0,8.

Holzpellets dagegen haben in der Regel einen Durchmesser von etwa 5 mm und eine Länge von 1–2 cm. Holzpellets dürfen daher ausschließlich in speziell dafür hergestellten Primär- oder Pelletöfen verbrannt werden. In normalen Öfen für Holz oder Kohle können Pellets auf Grund der großen Oberfläche nicht verbrannt werden – es würde kein Feuer, sondern nur zu großer Qualmbildung kommen. Primär- oder Pelletöfen haben einen großen Vorratsbehälter auf der Ofenrückseite, der bis zu 50 kg Pellets aufnehmen kann.

Die Pellets werden dann über eine im Gerät integrierte Förderschnecke in den Brennraum befördert und automatisch gezündet. Durch die ins Gerät integrierte Elektronik und die Verbrennungsluftregelung mittels Gebläse können moderne Primär-/Pelletöfen Bedienkomfort, Wirkungsgrade und Schadstoffemissionen erreichen, die auf dem Niveau von modernen Öl- und Gasfeuerungen liegen.

Die Leistung kann stufenlos von 2–10 kW geregelt werden. Holzpellets werden auf Paletten in Säcken mit 15–25 kg, in so genannten Big-Packs mit 800 kg oder per Silozug auch als lose Ware angeboten. Die Lagerung muss wie bei Holz oder Holzbriketts vor direkter Feuchtigkeit oder Regen geschützt erfolgen.

Immer stärker werden Jahrestanks für Pellets eingesetzt, die die komplette Brennstoffmenge für ein Jahr aufnehmen können. Diese Jahrestanks werden per Silozug beschickt und sollten mindestens 3 Kubikmeter Pellets aufnehmen können. Aus diesen Behältern wird per Förderschnecke oder per Schwerkraft (Rutschstrecke) der kleine Tagesbehälter auf der Ofenrückseite beschickt. Es gibt auch Sauganlagen, die mit Pneumatik arbeiten, aber meist sehr laut und staubanfällig sind.

## Briketts aus Stein- oder Braunkohle

Kohlen gehören zu den nicht erneuerbaren Energieträgern. Die weltweit sicher gewinnbaren Vorräte reichen bei den gegenwärtigen Förderungsmengen noch ungefähr 180 Jahre. Etwa 13 Prozent der weltweiten Kohlevorräte bestehen aus Braunkohle, 87 Prozent sind Steinkohle.

Kohle muss aufwendiger und mit höherem Energieeinsatz gefördert werden als Steinkohle im Bergbau oder als Braunkohle im Tagebau. Der überwiegende Teil dient der Stromerzeugung in konventionellen Kraftwerken. Weltweit werden immerhin 45 Prozent des Stroms mit Kohle erzeugt. In Deutschland waren bis vor zehn Jahren Stein- und Braunkohle zu über einem Viertel am primären Energieverbrauch beteiligt. Die damit verbundenen $CO_2$-Emissionen betrugen 376 Millionen Tonnen.

Der Anteil von neuen Feuerstätten, die für Stein- oder Eierkohlen zugelassen sind, nimmt derzeit Jahr für Jahr stark ab. Hier findet in der Regel nur noch ein Austausch bereits bestehender alter Feuerstätten statt, deren Verschleißgrenze erreicht ist. Neue Kohlefeuerstätten werden im privaten Bereich fast nicht mehr eingebaut oder gekauft. Zu gering ist die Bedeutung der Kohle im privaten Bereich geworden.

Auch Feuerstätten, die ausschließlich für Braunkohlenbriketts zugelassen sind, finden sich quasi keine mehr am Markt. In den letzten Jahren werden Braunkohlen-Bündelbriketts verstärkt über Baumärkte als Brennstoff für Kaminöfen angeboten, da die meisten dieser Geräte auch für Braunkohlenbriketts geprüft und zugelassen sind. Diese Bündel-Briketts sind dann überwiegend als Ersatz für Stückholz im Einsatz, wenn der Besitzer des Ofens keine Bezugsquelle für Stückholz hat.

Da die Entwicklung neuer Feuerstätten heutzutage fast ausschließlich auf die Brennstoffe Holz, Holzpellets oder Öl und Gas ausgelegt wird, hat sich im Bereich der Kohlenverfeuerung wenig Neues ergeben. Dennoch, als Festbrennstoff hat Kohle durchaus seine Vorteile gegenüber anderen Festbrennstoffen. Mit ihr lässt sich ein Dauerbrand über längere Zeit erreichen, im Gegensatz zu Holz, das sich mit Ausnahme von Pellets in den meisten Fällen nur für den kurzen Zeitbrand eignet.

Kohle ist deshalb besonders für Warmluftöfen günstig, die keine Wärme speichern können, vorausgesetzt natürlich, die Geräte sind für das Verbrennen von Kohle zugelassen. Stimmen Heiztechnik und Bedienung und sind etwa Steinkohlenbriketts pechfrei gebunden oder Braunkohlenbriketts bindemittelfrei verpresst, dann ist das Verbrennen von Kohlen eine (relativ) saubere Sache.

## Fossile Energie: Heizöl

Die Öko-Bilanz von Heizöl sieht entschieden anders aus als die von Brennholz. Heizöl wird aus Erdöl gewonnen, einem fossilen Energieträger, dessen Vorräte bei gegenwärtiger Förderung in etwa 40 Jahren verbraucht sein werden. Erdöl ist ein Primärenergieträger und wird nicht nur zur Energieerzeugung eingesetzt, sondern dient auch als Rohstoff der Industrie.

Die Förderung von Erdöl ist aufwendig, energieintensiv und umweltbelastend. Beim Transport des zu 90 Prozent in der Dritten Welt geförderten Erdöls mit Tankschiffen kommt es regelmäßig zu Unfällen mit schwerwiegenden Folgen für die Umwelt. Die Lagerung des feuergefährlichen Energieträgers muss hohen Sicherheitsanforderungen genügen. Verbrennt

**Wichtig beim Kauf von Holzbriketts oder Holzpellets ist, dass beide Produkte der aktuellen Norm entsprechen.**

**Dierk Astfalk, Firma Wodtke**

Erdöl, werden Schadstoffe wie Schwefeldioxid freigesetzt.

Am Markt sind neben Ölöfen vor allem Kachelofen-Heizeinsätze für Öl erhältlich, die sich im Vergleich zu Stückholz durch den höheren Bedienkomfort und die geringeren Schadstoff-Emissionen bei hohem Wirkungsgrad auszeichnen. Es gibt also Argumente, die für einen ölbeheizten Ofen sprechen. Ölbetriebene Heizeinsätze arbeiten in der Regel vollautomatisch über eine Uhren- oder Raumthermostatregelung. Allerdings muss eine Brennstoffzuführung aus dem Öllagerraum vorhanden sein, genauso wie ein separater Schornsteinzug, da die Öl-Zentralheizung mit einem Gebläse arbeitet.

## Auf dem Vormarsch: Erdgas

Die weltweiten Vorräte an Erdgas werden bei gegenwärtiger Förderung noch etwa 60 Jahre reichen. Erdgas wird in zahlreichen Ländern gefördert und dann meist über Pipelines zu den jeweiligen Importländern transportiert. Durch Lecks in den Pipelines entweichen große Mengen an Methan, dem überwiegenden Bestandteil von Erdgas, in die Luft. Methan ist genauso wie Kohlendioxid ein Treibhausgas, trägt also zur Erwärmung der Erdatmosphäre bei. Die Förderung von Erdgas ähnelt der von Erdöl, ist also aufwendig, energieintensiv und umweltbelastend.

In Deutschland deckt Erdgas mittlerweile einen großen Teil des primären Energieverbrauchs ab. Erdgas gilt trotz allem als der sauberste fossile Energieträger. Dank der heutigen Heiztechnik (unter anderem Brennwert-Technik) verbrennt Erdgas sehr schadstoffarm und mit extrem hohem Wirkungsgrad. Ein nicht zu unterschätzender Vorteil ist die leichte Bedienbarkeit. Der Gaskachelofen oder Gaskamin bietet quasi Feuer auf Knopfdruck und leicht kontrollierbar. Gasbetriebene Heiozeinsätze können sogar per Zeitschaltuhr in Gang gebracht werden. Diese vollautomatische Steuerung ermöglicht somit höchsten Komfort. Selbst das Flammenspiel eines Holzbrands lässt sich mit Gas sehr einfach nachahmen. Einzige Voraussetzung: ein Gasanschluss

Eine Lagerung wie bei Heizöl ist überflüssig. Über einen Gasanschluss kann Erdgas von den Stadtwerken kontinuierlich bezogen werden. Wer einen Gaseinsatz für seinen Warmluftofen plant, muss darauf achten, dass die Wärmeleistung der Größe des Aufstellungsraumes entspricht und eine ausreichende Versorgung mit Verbrennungsluft gewährleistet ist. Interessant ist auch der Einsatz eines Gaskachelofens, der mit Wasserwärmetauscher ausgestattet ist und als Ganzhausheizung eingesetzt werden kann.

## Schlechte Ökobilanz: Strom

Strom ist im eigentlichen Sinn kein Primärenergieträger, sondern wird aus diesen erzeugt. Daher muss man sich immer die schlechte Ökobilanz der Stromerzeugung vor Augen halten. Hohe Aufwendungen für Stromerzeugung, Stromleitungsnetz und Stromtransport sorgen für einen niedrigen Gesamtwirkungsgrad bis zur Wärmeerzeugung beim Endverbraucher. Wird Wärme aus Kohlen erzeugt, ist rund ein Drittel der Kohle zu verbrennen, die für die gleiche Menge Strom-Wärme benötigt wird. Dafür fallen natürlich bei der

Strom-Heizung keine Emissionen vor Ort an.

Auf der Kehrseite der Medaille steht auch die Stromerzeugung selbst. In Deutschland wird Strom noch zu über der Hälfte aus Braun- und Steinkohle und zu einem guten Drittel aus Atomkraft gewonnen. Den Rest machen Erdgas, Wasserkraft mit und übrige Energiequellen wie Müllverbrennung und Fotovoltaik aus. Für unseren alltäglichen Stromverbrauch werden also Kernkraftwerke betrieben und nicht erneuerbare fossile Energieträger verbraucht.

Für den Endverbraucher ist dagegen ein mit Strom beheizter Ofen einer der bequemsten Wärmeerzeuger. Die Grundinvestitionskosten für die Geräte sind vergleichsweise gering, Stecker einstecken, Knopf drücken und schon fließt der Strom aus der Steckdose in den Ofen. Strom muss auch nicht gelagert werden und bezahlt wird auch nur das, was tatsächlich verbraucht wird.

Zwar ist elektrischer Strom trotz aller Liberalisierung der Strommärkte noch vergleichsweise teuer, doch lässt sich mit den geeigneten Geräten der preiswertere Nachtstrom nutzen. Denn sogar für Kachelöfen gibt es die Elektro-Nachtspeicher. Diese bestehen aus einem Elektro-Blockspeicher, der von einem Kachelmantel umgeben ist und Wärme in Form von Strahlungswärme und über Konvektion abgibt.

# Moderne Heizeinsätze

**Für fast alle Brennstoffe wurden in den letzten Jahren technisch hoch entwickelte und besonders umweltfreundliche Heizeinsätze konzipiert, die überall eingesetzt werden können: im klassischen Grundofen, im Warmluftkachelofen, aber auch im Speicherkachelofen oder Kombikachelofen, sogar im Heizkamin.**

Foto: Brunner

Vor der Entscheidung für eine dieser Bauarten und den zugehörigen Heizeinsatz sollte eine sorgfältige Planung stattfinden, für welchen Einsatzzweck Ihr Ofen später gedacht ist. Vor der Auswahl des „Motors" (Heizeinsatz) sollte erst die Wahl des „Fahrzeugtyps" (Ofenbauart) liegen. Fachmännischen Rat kann Ihnen hier der örtliche Kachelofenbau-Fachbetrieb geben.

Grundofen und Speicherkachelofen sind hierbei die klassischen und ältesten Vertreter. Sie wurden speziell dafür ausgelegt, nach dem einmaligen Auflegen einer großen Menge Brennholz über nachgeschaltete Speicherflächen lange anhaltend Wärme zu geben. Hauptzweck war früher das morgendliche Holzauflegen vor der Arbeit, um bei der Heimkehr abends noch behagliche Wärme vorzufinden oder das Auflegen abends vor dem zu Bett gehen, um morgens wohl temperierte Räume vorzufinden. Nachteil: für das „Lustfeuer" oder schnelle, gut regulierbare Wärme am Abend sind solche Öfen, auf Grund der großen Trägheit, nicht geeignet. In den letzten Jahren haben sich daher verstärkt Warmluftkachelöfen, Kombikachelöfen (Warmluft und Speichermasse) oder Heizkamine am Markt durchgesetzt. Sie sind durch schnelle und gut regulierbare Wärmeabgabe bereits kurze Zeit nach dem Anzunden bekannt. Im Vergleich zum traditionellen Kachelofen zeichnen sich Heizkamine durch ihre große Sichtscheibe und den besseren Blick aufs Feuer aus. Technisch bestehen kaum noch Unterschiede, so dass der Trend immer stärker zu dieser Bauart geht. Wenn Sie schnell gemütliche Wärme wollen, sollten Sie sich auf jeden Fall für einen solchen Ofentyp entscheiden.

Haben Sie sich – je nach Ihren Heizgewohnheiten – für einen Ofentyp entschieden, geht es im nächsten Schritt an die richtige „Motorisierung".

## Festlegung des benötigten Wärmebedarfs

Das ist zunächst einmal der wichtigste Punkt. Auch hier kann Ihnen Ihr Fachbetrieb helfen. Der Wärmebedarf errechnet sich überschlägig aus der Wohnfläche, die Sie beheizen wollen und dem Wärmebedarfswert Ihrer Wohnung. Den Wärmebedarfswert Ihres Hauses kann Ihnen Ihr Architekt oder Planer sagen. Bei „normalen" Neubauhäusern rechnet man mit einem Überschlagswert von 80 $W/m^2$. Achtung: Altbauten, Niedrigenergiehäuser oder gar Passivhäuser können hiervon stark

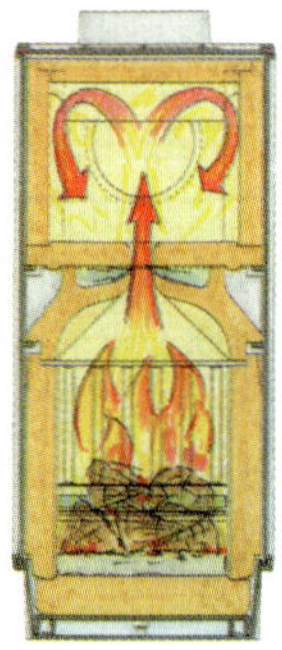

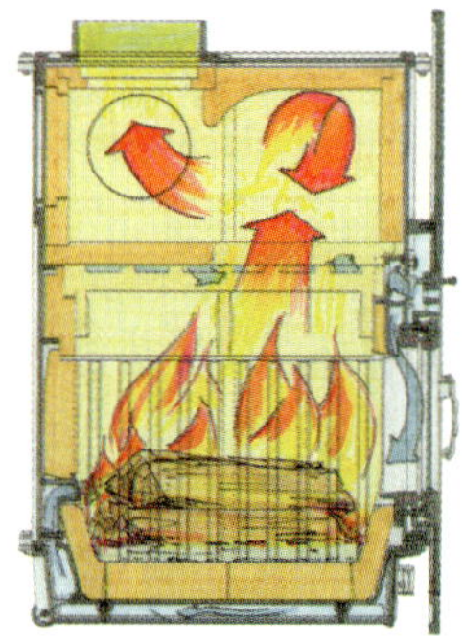

**Kachelofenheizeinsatz für Holz nach DIN 18892 mit automatischer Thermoregelung. Nennwärmeleistung 8 oder 10 kW.**

abweichende Werte haben. Auch bei einem Gerätetausch sollte der Wärmebedarf nochmals genau berechnet werden. Erfahrungsgemäß sind Altgeräte in der Vergangenheit oft viel zu groß dimensioniert worden. Bei nachträglich wärmegedämmten Gebäuden ist der Wärmebedarf also neu zu ermitteln und die Nennwärmeleistung des Heizeinsatzes zu bestimmen.

Angenommen, Sie möchten mit Ihrem Kachelofen eine Fläche von 50 Quadratmeter beheizen und Ihr Haus hat einen Wärmebedarfswert von 80 $W/m^2$, ergibt sich durch Multiplikation der beiden Zahlen ein Wärmebedarf von 4000 W oder 4,0 kW. Dies bedeutet praktisch, dass bei einer Außentemperatur von rund –15 °C ein Kachelofen mit einer Nennwärmeleistung von mindestens 4,0 kW für die 50 Quadratmeter vorgesehen werden müsste, um den Raum angenehm warm zu halten. Bei höheren oder tieferen Temperaturen schwankt diese Leistung natürlich, so dass hier Heizeinsätze einen Vorteil haben, die in der Leistung regelbar sind. Auf jeden Fall sollten Sie Ihren Heizeinsatz weder unter- noch überdimensionieren. Mangelnde Erwärmung oder Überhitzung des Raumes wären die Folge.

Haben Sie Ihren Ofentyp und die benötigte Mindestleistung festgelegt, können Sie den Brennstoff für Ihren Heizeinsatz bestimmen. Auswählen können Sie im Prinzip zwischen folgenden Energiearten: Öl, Gas, Holz, Kohle und Holzpellets.

Für welchen Energieträger Sie sich entscheiden, hängt maßgeblich von Ihren Vorstellungen über Bedienkomfort, Umweltverträglichkeit und den Brennstoffkosten ab.

## Die Wahl des geeigneten Energieträgers

Zunächst steht die Entscheidung für einen fossilen oder einen erneuerbaren Energieträger an. Fossile Energieträger (Öl, Gas, Kohle) erzeugen bei der Verbrennung zusätzliches $CO_2$, während sich erneuerbare Energieträger (Holz, Holzpellets) $CO_2$-neutral verhalten.

Bei den Emissionswerten schneiden Heizeinsätze für Gas, Öl und Pellets besser ab als Heizeinsätze für Holz und Kohle.

Dies liegt daran, dass Holz und Kohle nur von Hand in den Feuerraum gelegt und gezündet werden können und hierbei immer relativ große Mengen Brennstoff auf einmal zugeführt werden (so genannte chargenweise Beschickung) – das Feuer „verschluckt" sich beim Anzünden, beim Öffnen der Tür und beim Nachlegen des Brennstoffs; die Emissionen steigen. Besonders stark tritt dieser Effekt auf, wenn unzulässigerweise zu große oder zu feuchte Holzstücke nachgelegt werden.

Unser Tipp: Beachten Sie unbedingt die Anweisungen in der Bedienungsanleitung des Herstellers des Heizeinsatzes. Etwas Abhilfe können hier elektronische Regelungen schaffen, die es für verschiedene Holz-Heizeinsätze gibt, und die die

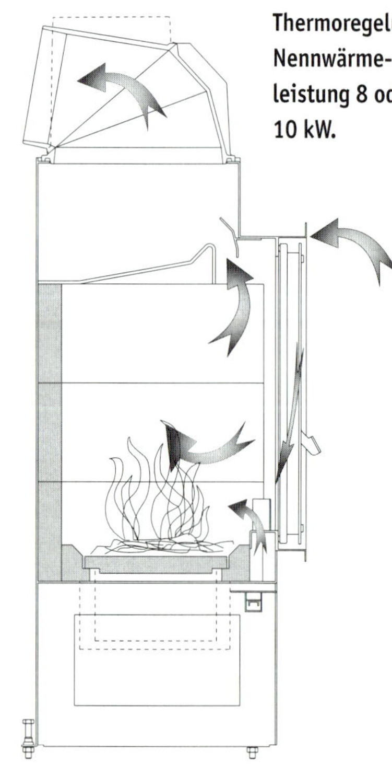

**Kaminheizeinsatz nach DIN 18895 mit automatischer Thermoregelung. Nennwärmeleistung 8 oder 10 kW.**

Verbrennungsluft beim Start oder Nachlegen automatisch anpassen.

Gas, Öl und Pellets werden dagegen automatisch gezündet und dem Feuerraum über Leitungen oder kleine Förderschnecken im Gerät (Pellets) kontinuierlich zugeführt (automatische Beschickung); ein besonders sauberer und gleichmäßiger Abbrand mit geringen Emissionen ist die Folge. Fehlbedienungen sind quasi ausgeschlossen, und die eingebaute Elektronik sorgt für einen hohen Bedienkomfort und beste Effizienz. Auch ein vollautomatischer Betrieb mit Raumthermostat oder Zeitschaltuhr ist möglich.

Zusätzlicher Vorteil dieser Heizeinsätze für Gas, Öl oder Pellets ist der große Regelbereich zwischen verschiedenen Leistungsstufen. Hierdurch ist mit einem Gerät die Anpassung an verschiedene Raumgrößen oder einen unterschiedlichen Wärmebedarf möglich. So lässt sich zum Beispiel beim neuen Primärofen-Einsatz für Holzpellets die Leistung zwischen 2 und 10 kW beliebig einstellen.

Auch lässt sich bei diesen Geräten der gesamte Jahresbedarf an Brennstoff problemlos automatisch zuführen und ohne zusätzlichen Arbeitsaufwand bevorraten. Gas kommt aus der Leitung des Energieversorgers oder Ihrem Flüssiggas-Tank – in etwa Gleiches gilt für Öl. Die Pellets lassen sich problemlos in einem Jahrestank verstauen und automatisch zuführen. Besonders elegant ist hier die Befüllung des Pelletlagers durch einen Silowagen. Wo Sie Pellets beziehen können, finden Sie in einer Liste, die Sie im Internet unter www.pellets.de finden.

Bei Heizeinsätzen für Holz oder Kohle sollte die Auslegung

## Wohlige Wärme und warmes Wasser

Bei diesem Heizeinsatz wird der oben liegende Wärmetauscher mit der heißen Abgasluft erwärmt. Buderus

Die technische Entwicklung der Heizeinsätze ging in den letzten Jahren mit Riesenschritten voran. Eine Menge von Fachleuten hat daran gearbeitet, dass es möglich wird, in manchen Einsätzen Wärmetauscher einzubauen. Die Abgasleitung wird so geführt, dass die warme Luft an den Rohren vorbeiführt, in denen sich die Wärmetauscher-Flüssigkeit befindet. Ein Beispiel: Der Kamin-Heizeinsatz „KA 306" von Buderus verbindet die Atmosphäre eines offenen Kamins und die wesentlich bessere Heizleistung eines Warmluftkamins mit einer gleichzeitigen Wassererwärmung. Das Besondere an diesem Konzept ist die Wassererwärmung im so genannten Dom über dem Brennraum. In Verbindung mit einem Kombi-Speicher kann dieser Heizeinsatz also sowohl die Heizung als auch die Trinkwassererwärmung unterstützen. Selbstverständlich lässt sich das System auch mit einer Solaranlage kombinieren. Für normal gedämmte Häuser ist trotzdem die Einbindung einer konventionellen Heizung erforderlich.

## Kachelöfen mit Heizkessel

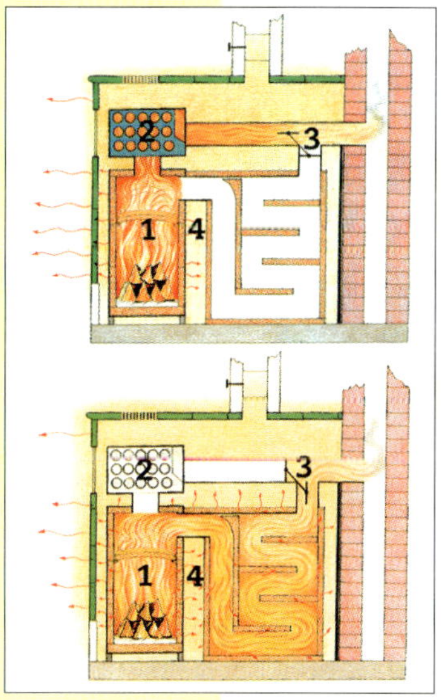


Die Stellung der Klappe (3) entscheidet, ob auch Wasser erwärmt wird. 1 Einsatz, 2 Aufsatzkessel, 3 Klappe, 4 Speicherfläche. Brunner

Die Idee, die Brunner hatte, lag auf der Hand: Warum soll die im Kachelofen ohnehin vorhandene Energie nicht noch besser genutzt werden? Oder anders gefragt: Warum soll denn der Kachelofen neben der Strahlungswärme nicht auch gleichzeitig warmes Wasser für eine Zentralheizung und heißes Brauchwasser liefern? Der Kachelofen mit Wasserteil steht im Wohnzimmer, andere, entfernt liegende Räume werden mit Hilfe von Heizkörpern oder Wandheizflächen vom Kachelofen mitbedient, genauso wie die Warmwasserversorgung. Technisch ist das kein Problem. Es gibt für fast alle denkbaren Fälle entsprechende Konzepte. Im Bild sehen Sie die so genannte w-Technik. Das Prinzip ist mit einem Durchlauferhitzer zu vergleichen. Auf der Holzbrandfeuerung sitzt ein Aufsatzkessel, in den, anstatt in die Kachelofenzüge, die Heizgase umgeleitet werden können. Gleichzeitig wird die Abwärme des Heizeinsatzkörpers als Strahlung und Warmluft abgegeben. Während der Abbrandphase ist mit dieser Technik eine hohe Kesselleistung zu erreichen. Aufsatzkessel können je nach Bauweise bis zu 40 Prozent der zugeführten Energie in Kesselleistung umsetzen.

dagegen immer für die angegebene Nennwärmeleistung des Heizeinsatzes erfolgen, da eine Regelung der Geräteleistung nur in einem kleinen Bereich möglich ist. Auch der Brennstoff muss immer irgendwo zwischengelagert und dann einzeln zum Gerät gebracht werden. Das ist bei einem Hausbesitzer mit genügend Platz im Keller kein Problem, kritisch wird es erst, wenn man eine Wohnung bewohnt. Da hat man in den meisten Fällen nicht sehr viel Lagerraum.

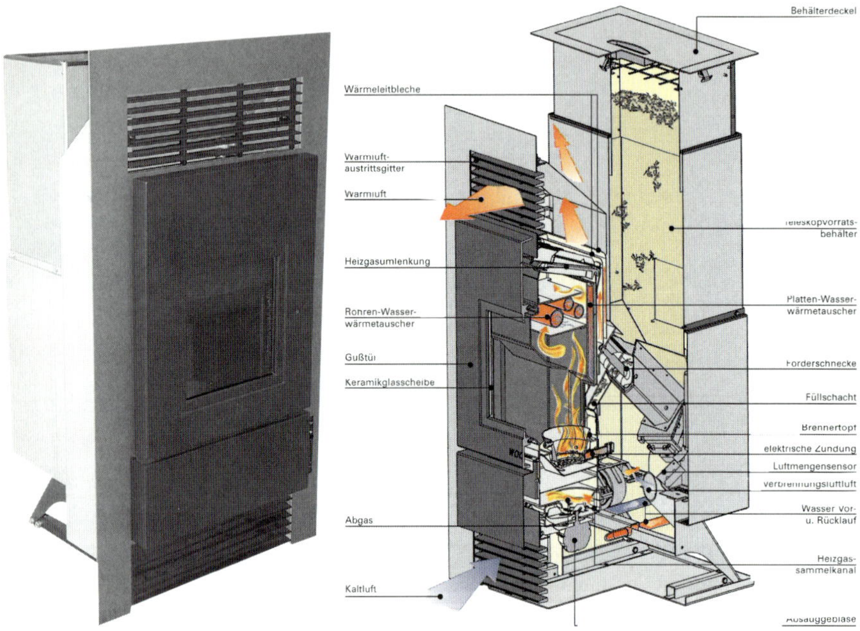


**Ein so genannter Primärofen-Einsatz für Holzpellets mit automatischer Beschickung, integriertem Wasser-Wärmeaustauscher, automatischer Zündung und elektronischer Regelung. Nennwärmeleistung von 2–10 kW stufenlos regelbar. Überprüfen Sie vorab, ob es noch oder wieder eine staaatliche Förderung gibt. Wodtke.**

## Zusatzausstattung: Wasserwärmetauscher

Als Zusatzausstattung sind für jeden Heizeinsatz-Typ auch Wasserwärmetauscher möglich. Diese Wasserwärmetauscher nehmen einen Teil der Wärmeenergie des Heizeinsatzes auf und können diese in einen Kombispeicher einspeisen. Auf diese Weise lassen sich auch weiter entfernt liegende Räumlichkeiten beheizen. Wird der Speicher mit einer thermischen Solaranlage kombiniert, lassen sich auch komplette Heizungssysteme speziell für Niedrigenergie- oder Passivhäuser erstellen. Ein Trend, der derzeit in Deutschland immer stärker wird. Der Speicher liefert dann Wärme für Heizung und Brauchwasser. Über verschiedene Heizkreise können so Heizkörper, Fußbodenheizung, Wandflächenheizung oder auch eine keramische Strahlungswand versorgt und temperiert werden und gleichzeitig ist warmes Brauchwasser für Bad oder Dusche zu entnehmen.

Alle Heizeinsätze bestehen aus sehr hochwertigen Materialien. Spezieller Ofenguss wird mit verzugsarmen Spezialstählen und hochtemperaturfesten Brennraumauskleidungen aus Schamotte und anderen feuerfesten Materialien zu hoch effizienten Feuerräumen kombiniert. Raffinierte Luftleittechniken und Regelungen sorgen für eine saubere Verbrennung. So werden inzwischen auch strenge gesetzliche Auflagen bezüglich Wirkungsgrad und Emissionen eingehalten. Alle Heizeinsätze sind vor dem Verkauf bei staatlichen Prüfstellen auf Herz und Nieren zu prüfen und werden in regelmäßigen Abständen überwacht und kontrolliert. Besonders schadstoffarme Geräte zeichnen sich durch ein so genanntes CO-Zertifikat einer staatlichen Prüfstelle aus, das Ihnen der Hersteller auf Wunsch gern vorlegen wird oder auf das bereits in den Prospekten verwiesen wird. Gute Geräte sollten hierbei einen Wert von < 0,2 Prozent CO im Abgas ausweisen. Für alle am Markt erhältlichen Geräte wird hierdurch auch gleichzeitig ein Mindestwirkungsgrad von über 70 Prozent garantiert.

## Unterschiedliche Leistungsklassen

Alle Geräte gibt es in verschiedensten Leistungsklassen von 2 bis 15 kW und darüber. Am weitesten verbreitet sind Geräte < 11 kW, da seitens des Schornsteinfegers keine wiederkehrende Messpflicht besteht.

Eine regelmäßige Reinigung des Schornsteins dagegen ist bei allen Gerätetypen notwendig und in den Kehrordnungen der einzelnen Bundesländer festgelegt – für einige Gas- oder Ölgeräte kann auch eine Abgasleitung ausreichend sein.

Wie unser Beispiel am Anfang gezeigt hat, ist eine Leistung bis 11 kW für fast alle Anwendungen vollkommen ausreichend – besonders bei den immer besser gedämmten modernen Gebäuden. Bei Geräten ab 11 kW Leistung ist eine Erstmessung

## Vorgehensweise beim Kauf eines Heizeinsatzes / Ofens

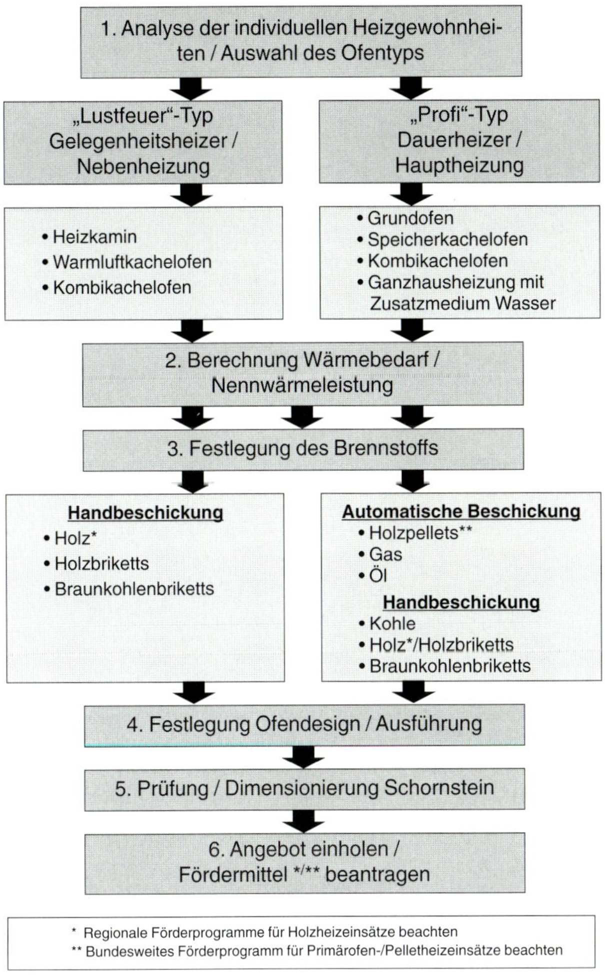


durch den Schornsteinfeger notwendig, bei Geräten ab 15 kW wird sogar eine aufwendige jährlich wiederkehrende Messung notwendig.

Je nach Art und Ausführung Ihres Heizkamins oder Kaminheizeinsatzes kann der Aufbau mehrere Tage dauern. Unterschieden werden kann hier zwischen so genannten Modul-Anlagen, die aus teilweise bereits industriell vorgefertigten Modulen und Verkleidungsteilen bestehen, oder individuell handwerklich errichteten Anlagen, die komplett vor Ort aus Einzelteilen zugeschnitten und errichtet werden. Auch bei den Modulanlagen lassen sich vielfältige Sonderwünsche und Formen realisieren. Vorteil der Modulanlagen ist der schnellere und kostengünstigere Aufbau und die Tatsache, dass bereits seitens des Heizeinsatz-Herstellers die bestmögliche Abstimmung zwischen Verkleidung und Heizeinsatz in Versuchen erprobt und gewährleistet wird. Hier werden Versuche zur gleichmäßigen Wärmeabgabe und schnellen Aufheizung durchgeführt und die Materialien von Verkleidung und Heizeinsatz optimal aufeinander abgestimmt.

Komplett handwerklich geplante und errichtete Anlagen sind meist etwas teurer, zeichnen sich aber durch eine sehr hohe Individualität aus.

Bei allen Anlagentypen erfolgt die Wärmeabgabe in Form von direkter Strahlung (zum Beispiel über Sichtscheibe, Oberfläche) und so genannter Konvektion (Warmluft). Die prozentuale Aufteilung hängt wie bereits beschrieben von den verschiedenen Ofentypen ab.

Grundöfen, die nur noch in bestimmten Regionen sehr oft eingesetzt werden, und Speicheröfen haben einen hohen Strahlungsanteil, der aber erst zeitverzögert die Raumluft erwärmt. Grundöfen sind leider relativ träge. So beträgt die Aufheizzeit immerhin zwei bis vier Stunden. Beliebiges Drauflosfeuern ist hier nicht möglich. Ist nämlich die maximale Temperatur erreicht, geht die überschüssige Wärme zum Schornstein hinaus. Wohingegen Warmluft-Kachelöfen, Kombi-Kachelöfen und Heizkamine einen hohen konvektiven Anteil haben und sehr schnell Wärme erzeugen.

**Es lohnt sich auf jeden Fall, auf die Förderrichtlinien zu schauen. Auch wenn der Staat Hilfen streicht: Fragen Sie Ihren Schornsteinfegermeister, einen örtlichen Energieberater oder auch Behörden nach Unterstützung.**

**Dierk Astfalk, Firma Wodtke**

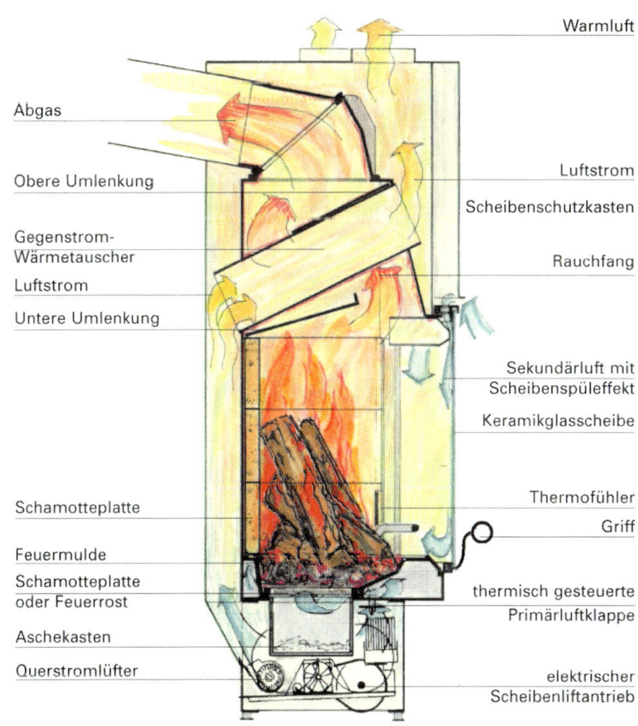


**Funktionsschnitt Kaminheizeinsatz nach DIN 18895 mit 9 kW Nennwärmeleistung und automatischer Thermoregelung.**

Fotos und Grafiken, falls nicht anders erwähnt: Wodtke

# Zu Besuch in einer Kaminofenwerkstatt

**Wie entstehen Kaminöfen eigentlich? Dieser Frage wollten wir auf den Grund gehen und konnten die Firma Hase dafür gewinnen, uns auch mit der Kamera hinter die Kulissen schauen zu lassen.**

Die Ofenmodelle sind geprägt von dem Streben nach der perfekten Form bei bestmöglicher Funktion. Die Liebe zum Detail spiegelt sich ganz klar wider.

Trier, ehemals „Augusta Treverorum", ist die älteste Stadt in Deutschland, mit einer mehr als 2000-jährigen Geschichte. Aber andererseits auch eine jung gebliebene Stadt mit Zukunft, die geographisch günstig im „Herzen Europas" liegt. Wirtschaftlich gesehen ist Trier Mittelpunkt des Weinbaugebietes an Mosel, Saar und Ruwer, zudem Standort namhafter, zum Teil weltbekannter Unternehmen der Nahrungs- und Genussmittelindustrie, der Textilindustrie, der Feinmechanik, des Baugewerbes sowie des Kunsthandwerkes. Und hier ist auch die Firma Hase zu finden, die seit 20 Jahren erfolgreich Kaminöfen fertigt. Ein recht junges Unternehmen also, aber deswegen nicht minder erfolgreich. Begonnen hat alles 1979 in einem ehemaligen Pferdestall. Hier gründeten Schlossermeister Hans Hase und der designorientierte Architekt Walter Blasius die Hase Kaminofenbau GmbH.

Zu dieser Zeit präsentierten sich Kaminöfen als die ewig schwarzen Gesellen, die – wenn überhaupt – in sehr rustikalem Ambiente zu Hause waren. Auch erinnerten diese Öfen die Menschen zu sehr an die Nachkriegszeit, in der vorwiegend in schwarzen Kohleöfen geheizt wurde. Das gefiel Walter Blasius am wenigsten und schon 1980 präsentierte Hase als erster Hersteller seine Kaminöfen mit Kacheln und entwickelte sich zum Kachelspezialisten. In den Jahren danach wuchs das Unternehmen, so dass man 1987 gezwungen war, in größere

**Große Sichtscheiben machen das Feuer zu einem Erlebnis der besonderen Art.**

**Walter Blasius: „Hase möchte sich durch ständige Innovation und höchste Kompetenz im Bereich Design profilieren. Moderne Fertigungsanlagen und ein kreatives Team sorgen dafür."**

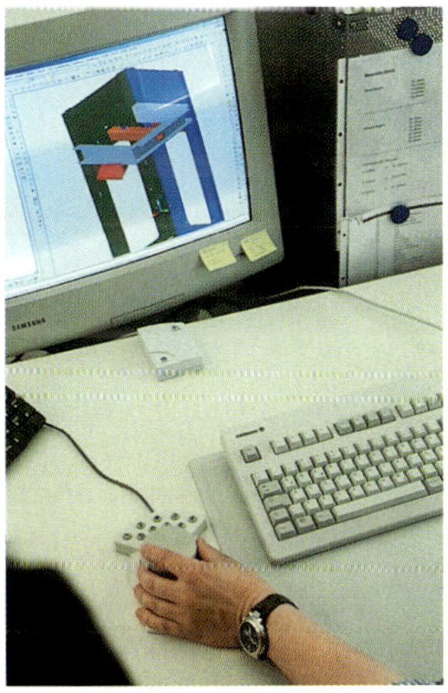

Produktionsstätten zu ziehen. Immerhin war die Mitarbeiterzahl bereits auf 55 angestiegen. 1992 folgte dann die eigene Kachelfertigung, mit der Gründung des Schwesterunternehmens Feuerton GmbH. Hier werden die Kacheln noch in alter Handwerkstradition liebevoll gefertigt. Hier entstehen Rohlinge, die dann in Brennöfen gebrannt werden. Die Farben der Kacheln entstehen in einer Art Rezeptküche. Je nachdem, welche Farbe gerade aktuell ist, wird ein Rezeptblatt angelegt, auf dem die Farbzusammenstellungen bis ins Detail aufgeführt sind. Damit hat der Kunde die Gewähr, auch noch nach Jahren eine Ersatzkachel für seinen Ofen zu bekommen. So sorgt die Feuerton-Keramik für gleichbleibende zuverlässige Qualität. Heute beschäftigen sich rund 150 Mitarbeiter damit, dass der Kunde den Kaminofen bekommt, den er wünscht. In der hochtechnologisierten Fabrikhalle werden die Stahlblechteile gefertigt. Hier wird gestanzt und gefräst und der Ofen bekommt sein eigentliches Aussehen. Bevor der Ofen aber an den Kunden ausgeliefert wird, muss er erst noch einige Qualitätskriterien bestehen. Unter anderem eine Feuerprobe. Da wird unter extremen Bedingungen, die normalerweise überhaupt nicht vorkommen, getestet, ob er nun auch wirklich „feuerfest" ist.

**In der Designwerkstatt entstehen die Entwürfe für die Öfen, die dann später in der Ofenschmiede mit hochtechnologisierten Geräten umgesetzt werden.**

Wie kommt man denn nun an all die Ofenmodelle, mit denen die Firma Hase Jahr für Jahr aufs Neue überrascht?

In der Designwerkstatt werden Trends gesammelt und gespeichert. Das ist wie in der Mode. Stetig zwei Schritte voraus zu sein, ist hier die Devise. Man muss al so schon wissen, was den Verbraucher im nächsten Jahr anspricht. Dies hängt natürlich auch ganz stark von der jeweils vorherrschenden Einrichtung ab. Nach der rustikalen Phase der 80er-Jahre, in der sich auch die Öfen so präsentierten, folgte eine Zeit, in der spärlich möbliert wurde. Und dementsprechend mussten auch die Öfen sein. So ganz ohne Firlefanz. Jetzt ist wieder mehr Farbe im Kommen. Orange, Gelb-, Blau- und Goldtöne beherrschen den Einrichtungsstil.

**Ein Modell ohne Kacheln als anziehender Mittelpunkt.**

Das Niedrigenergiehaus, das ausschließlich mit einem Kaminofen beheizt wird, wurde 1998 gebaut. Seine Bewohner sind bis zum heutigen Tag vollauf zufrieden.

Ein Kaminofen ist in gewisser Weise ein Möbel, denn selbst wenn er nicht brennt, so stellt er doch einen unübersehbaren Einrichtungsgegenstand dar. Dazu bedarf es natürlich kreativer Menschen, die das Gespür entwickeln und das gewisse Feeling dafür haben, was machbar ist. Denn das Ganze soll beim Verbraucher ja schließlich auch gut ankommen.

Der enorm große Erfolg der Kaminöfen in den vergangenen Jahren, ist laut Walter Blasius darauf zurückzuführen, dass sie die Vorzüge des offenen Kamins mit denen des Ofens verbinden. Die Keramikglasscheiben des Kaminofens bieten das Erlebnis von sichtbarem Feuer bei hohem Wirkungsgrad. Diesem Verbraucherwunsch wird man bei Hase gerecht, indem man die Feuerscheiben so groß wie nur irgendwie möglich macht.

Wie entsteht denn nun so ein Ofen? Zuerst einmal wird er auf dem Reißbrett entworfen, dann mit allen technischen Daten wie Länge, Größe, Breite, Gewicht und ähnliches mehr auf den Computer übertragen. Danach wird in der Werkstatt ein Prototyp gefertigt. Verbesserungen werden vorgenommen und Änderungen herbeigeführt.

Das dauert natürlich einige Zeit, aber das Ergebnis in Form der attraktiven Öfen kann sich dann auch sehen lassen.

Aber damit nicht genug: Im Jahr 1998 ließ Walter Blasius als Bauherr das Projekt „ein Haus um einen Hase-Kaminofen herum" realisieren. Die Architekten Sammeck + Sammeck aus Trier und der Ingenieur Andreas

Winterfeuererlebnis pur, im Sommer ein dekoratives Möbelstück.

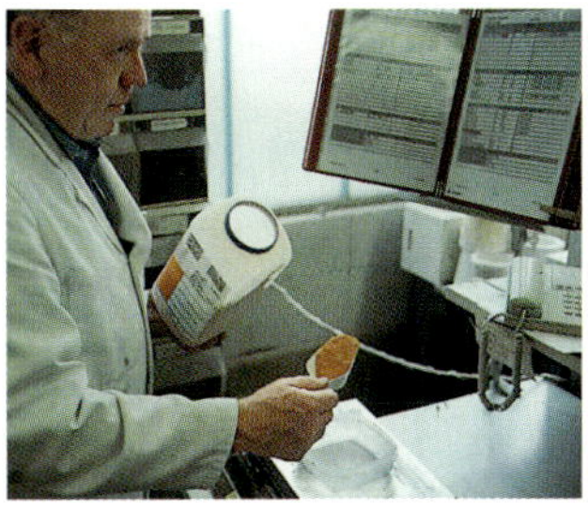

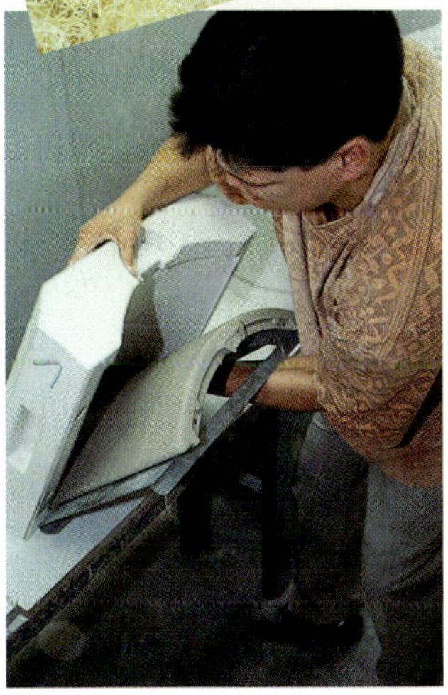

**Im Feuerton-Haus werden die Kacheln liebevoll nach alter handwerklicher Tradition gefertigt. Strenge Kontrolle sorgt dafür, dass keine Ausschussware in den Handel gelangt.**

Nordhoff (Bergisch Gladbach) entwickelten das Kaminofenhaus. Im April 1998 zogen die Bewohner ein. Sie leben also schon viele Jahre im Kaminofenhaus und schätzen den hohen Wohnkomfort, die außerordentlichen Kostenersparnisse und das angenehme und umweltgerechte Heizen mit dem Kaminofen.

Im Kaminofenhaus sorgt der Ofen „Luno" für ein warmes und angenehmes Raumklima, und das auf zeitgemäße und komfortable Weise. In der kalten Jahreszeit wird der Kaminofen einmal am Tag mit nur zwei bis drei Scheiten Holz befeuert. Das Raumklima entsteht durch das Zusammenspiel von architektonischer Gestaltung, intelligentem Luftzirkulationssystem und der Wärme des Kaminofens. Im Wohnraum erwärmt der Ofen die Luft und die massiven Bauteile. Die Wände und Decken speichern die Wärme. Ein Teil der Warmluft wird über eine Lüftungsanlage in weitere Räume verteilt. Frischluft wird gefiltert angesaugt, durch das Erdreich geleitet und leicht vorgewärmt. Im Kellerraum durchströmt die Frischluft den Wärmetauscher. Dort wird sie von der verbrauchten Zimmerluft erwärmt. Diese wird in die Räume verteilt. Die verbrauchte Luft wird nach draußen geleitet. An kalten Tagen werden die Fenster nicht mehr zum Lüften geöffnet.

Die Solaranlage versorgt das Haus mit warmem Wasser. Die im Sommer anfallende Solarüberschusswärme wird ins Erdreich geleitet und dient zur Erwärmung der Frischluft im Winter.

**Seit 1992 besteht die eigene Kachelproduktion Feuerton GmbH. Die Lieferzeiten werden dadurch enorm verkürzt, da man schnellen Zugriff auf einzelne Kachelproduktionen hat.**

**Bevor ein neues Modell das Werk verlässt, wird es auf Herz und Nieren geprüft.**

# Raku-Keramik

**Normale Ofenkeramik wird elektrisch gebrannt. Raku-Keramik dagegen, die von japanischen Teezeremonien-Meistern gepflegt wurde, kommt ins offene Feuer. Was dabei entsteht, sind rissige, lavaähnliche Oberflächen. Der Ofenplaner Dele Müller hat sich auf diese Technik spezialisiert.**

Es begann, so berichtet die Überlieferung, im 16. Jahrhundert. Das japanische Teezeremoniell wurde damals in einer gezierten und verschnörkelten Art praktiziert. Ein Zeremonienmeister war jedoch auf der Suche nach etwas anderem: nach dem Einfachen, nach der Schönheit des Vergänglichen, nach der nüchternen Erhabenheit und nach der Freiheit von allen Konventionen.

Bei einem koreanischen Töpfer wurde er schließlich fündig. Denn der hatte eine einfache, bäuerliche Gebrauchskeramik geschaffen: sie war nicht mehr perfektionistisch glatt, steril und unpersönlich, sondern von deutlichen Spuren und Unregelmäßigkeiten des Herstellungsprozesses im rotglühenden Ofen geprägt. Mit Zangenspuren vom Herausnehmen aus der Hitze, mit unerwarteten Farbnuancen der Glasur, mit Rissen in der Oberfläche und durch Einlagerungen von Kohlenstoff geschwärzt.

Die andersartigen Teeschalen des koreanischen Töpfers fanden auch Beifall am Herrscherhof. Der Töpfer wurde mit dem Titel „Raku" geehrt – das bedeutet so viel wie Freude, Glück, Entspannung, Frieden.

Und rund 400 Jahre später hat ein Ofenplaner und Feuerkünstler aus dem Allgäu diese alte Raku-Technik wieder aufgegriffen: Dele Müller brennt im offenen Feuer seine besonderen, rissigen Keramikplatten, die den Betrachter an erstarrte Lavabrocken erinnern: Ursprünglich, stark zerklüftet, archaisch. „Raku-Keramik ist mit Fehlern behaftet, wie es jeder Mensch auch ist", erklärt Dele Müller. „Sie hat etwas Eigenwilliges, Eigenartiges an sich."

**Raku im Urzustand: Gut sichtbar sind die Risse im Ton, der nach Müllers Rezept gemischt wurde.**

**Raku nach dem Gang durchs Feuer: Wenn die Asche erkaltet ist, wird die Keramik freigelegt.**

**Raku im Endzustand: Hier als Platte vor der Feuerungstür eines Ofens. Der große Riss ist mit Edelstahl unterlegt.**

Die normale Keramik-Herstellung sei im Gegensatz dazu ein sehr kopfgesteuerter Prozess. „Der Töpfer lässt sein Werk zwei Wochen trocknen, dann glasiert er es, dann stellt er es in den Elektroofen – und so wie man es immer gemacht hat, soll es jedes Mal werden", so der Ofenplaner. „Bei Raku dagegen bin ich viel näher dran. Ich nehme direkt Einfluss auf das, was mich gerade stört und versuche, es anders zu machen. Und dann ist noch eine andere große Komponente dabei, der ich mich unterwerfen muss: das Feuer, das ich nicht völlig unter Kontrolle bringen kann. Ich kann nur ein bisschen versuchen, das Ergebnis zu beeinflussen."

An einem Ofen arbeitet Müller insgesamt rund zwei bis drei Monate – inklusive Planung und Konzeption. Allein für die Arbeit in der Werkstatt benötigt er drei bis vier Wochen.

Lehm ist das Grundmaterial für den Raku-Ton. Da er hohe Spannungen aushalten muss, braucht er einen hohen Anteil an gebrannten Bestandteilen. Müller: „Früher hat man Sand beigemischt. Der Sand sintert aber sehr schnell und schmilzt sehr früh. Deswegen gibt man Schamotte rein. Ich arbeite mit einer Masse, die einen hohen Schamotte-Anteil von 40 bis etwa 50 Prozent hat. So ist der Ton immer noch genügend plastisch, so dass er sich noch formen lässt, dass er noch etwas mitmacht."

Außer Lehm und Schamotte gibt Müller auch noch Glimmer und zwei, drei weitere Zuschlagstoffe in seinen Ton, die dafür sorgen sollen, dass besonders schöne Risse in der graubraunen Masse entstehen.

Erzeugt werden diese Risse im Rohmaterial mit einem ganz einfachen Mittel: mit dem Nudelholz. Damit bearbeitet Müller den Ton so lange, bis er die Struktur hat, die er sich vorstellt. Dann werden die Platten zugeschnitten und – das ist ein besonders kniffliger Teil – zusammengefügt: und zwar so, dass die Nahtstellen sich möglichst unauffällig ins natürliche Riss-Geflecht einfügen.

Auch hier arbeitet Müller wieder mit ganz primitiven Werkzeugen: ein paar zugeschliffene Messer, außerdem Gabeln – „damit raue ich den Ton auf, wenn ich ihn zusammenfügen muss." Ein Zick-Zack-Schnitt hilft dabei, die künstlichen Fugen so zu verschleiern, dass sie als natürliche Struktur erscheinen. „Zum Teil lasse ich die Risse verschwinden, zum Teil arbeite ich bloß ein bisschen nach. Da hab ich so meine Tricks, mit ganz einfachen Materialien: zum Beispiel alte Küchenschwämme, ein bisschen Schleifpapier, Sackleinen."

Ein zeitaufwendiger Vorgang, zumal die einzelnen Platten (die auch schon mal 40 Kilogramm wiegen können) immer wieder umgedreht und auch von hinten bearbeitet werden müssen. So kann Müller durchaus vier Tage

## „Gefühl für diese Art von Keramik"

Seinen ersten Ofen, einen Warmluftofen, baute Dele Müller für den eigenen Bedarf. „Wenn man im Allgäu lebt und im Winter mit Holz heizt, braucht man einen gescheiten Ofen." Die nötigen Informationen dazu holte er sich vom Ofensetzer im Dorf. Und sehr bald schon setzte er dabei auch die Raku-Technik ein.

Für seine Kunden plant er sowohl die etwas trägeren, für Dauernutzung geeigneten Grundöfen als auch die schneller aufheizbaren Warmluftöfen – ganz nach Wunsch. „Wichtig sind mir die Bedürfnisse der Auftraggeber", erklärt Müller. „Ich plane gerade jetzt wieder einen Ofen – und diese Kunden werde ich davon überzeugen, dass sie einen Grundofen brauchen. Die haben Tiere und die Frau sieht so aus, als ob sie demnächst Kinder bekommt – dann ist bei diesen Leuten sieben Tage in der Woche jemand daheim. Und damit haben sie von einem Grundofen wesentlich mehr. Bei anderen Kunden dagegen, beispielsweise wenn beide berufstätig sind, wäre ein Grundofen das Verkehrte."

Mit solchen Grundsätzen ist er gut gefahren. „Ich habe bisher nur zufriedene Kunden hinterlassen." Die Raku-Technik setzt Dele Müller dabei gezielt und individuell dosiert ein. „Ich lasse die Leute zu mir in die Werkstatt kommen. Dadurch bekommen sie ein Gefühl für diese Art von Keramik und können dann auch entscheiden, wie viel davon sie an ihrem eigenen Ofen sehen wollen."

Die Öfen von Dele Müller sind ihren Preis wert. Sie bewegen sich netto mindestens um die 10 000 Euro. „Aber ich habe auch Öfen für 17 500 Euro gebaut – das ist eben eine Sache des Aufwands."

„Raku-Keramik ist mit Fehlern behaftet, wie jeder Mensch auch. Sie hat etwas Eigenwilliges, Eigenartiges an sich."

Ein wichtiges Arbeitsmittel von Dele Müller ist das Nudelholz. Damit wird der Lehm ausgerollt. Durch die Dehnung des Materials entstehen die Risse.

Ein wesentlicher Bestandteil von Müllers Arbeit sind Planung und Konzeption. Dazu sitzt er am liebsten im Garten vor dem Haus.

## „Ich bin Autodidakt"

Eigentlich heißt er Detlef. Aber seine Freunde nannten ihn „Dele", dabei ist es dann geblieben. Der Ofenplaner, Feuerkünstler und Raku-Spezialist Dele Müller stammt aus dem bayerischen Mindelheim. Seit sechzehn Jahren wohnt er in dem Allgäu-Dörfchen Webams. In einer alten, ehemaligen Schreinerei hat er seine Werkstatt eingerichtet. „Ich bin in allen Dingen Autodidakt. So habe ich auch das Ofenbauen selbst gelernt und arbeite inzwischen mit zwei guten Ofensetzern zusammen."

Mit der Raku-Technik kam er zum ersten Mal in Berührung, als er sein Abitur gemacht hatte. „Ich habe mit einem Keramiker in einer Wohngemeinschaft gelebt. Der hat Objekte in der Raku-Technik hergestellt – und das zu einer Zeit, als Raku noch nicht schick war. Aber gerade in Akademikerkreisen hat man diese Keramik als etwas sehr Ursprüngliches geschätzt."

Schnell hatte Dele Müller Feuer gefangen – im wahrsten Sinne des Wortes. Ihm gefiel es, „draußen im Freien mit dem offenen Feuer zu hantieren, eventuell auch den Lehm mit dem Spaten im Feld selbst zu stechen und etwas draus zu machen". Mittlerweile hat er sich bei seinen Kunden einen Namen gemacht. „Die meisten kommen durch Mundpropaganda – und weil sie merken, dass ich für ihre Räume und Ideen gute Lösungen finde."

Die ausgewellten Platten werden so zugeschnitten, dass sich die Nahtstellen möglichst unauffällig ins natürliche Riss-Geflecht einfügen.

mit einer Raku-Platte im Format von 2,35 mal 0,80 Metern beschäftigt sein.

Ist der Ton getrocknet, wird das Material bei 800 Grad Celsius im Elektroofen vorgebrannt, damit es später im offenen Holzfeuer seine Form behält. Sechs bis acht Stunden dauert dann der Brennvorgang im Holzfeuer. Müller sucht sich einen vom Wetter her möglichst günstigen Tag, hebt im Gras eine Grube aus und entfacht das Feuer. Sobald das Holz zur Glut heruntergebrannt ist, werden die Tonplatten aufgelegt. Darüber wird dann ein zweites Feuer entzündet.

„Man muss bei dem Prozess immer dabei sein und das Feuer beobachten. Ich muss auf den Wind und die sonstigen Wettergegebenheiten an dem Tag eingehen. Ich muss aufpassen, wie gut das Feuer brennt und ob vielleicht an einer Ecke zu wenig Temperatur entsteht."

Und wenn es doch mal regnen sollte? „Dann schlage ich schnell ein paar Pfähle in den Boden und lege eine große Blechtafel darüber, dann geht das meiste Wasser neben das Feuer." Nach einer Stunde erstickt Müller die Flammen mit Sägemehl. So leitet er den Effekt der Reduktion ein, bei der eine sauerstoffarme Atmosphäre hergestellt wird. Je länger die Reduktion dauert, desto schwärzer fällt die Keramik aus. Je nach Temperatur und Brandverhalten des Feuers werden dabei die ganze Tonplatte oder auch nur Teile davon geschwärzt.

Und genau das ist es, was dem Ofenkünstler an Raku so gefällt: „Es hat so viel eigene Ausdruckskraft, weil man ihm das Feuer ansieht. Man sieht, dass es im Feuer war und dass da etwas passiert ist. Ganz im Gegensatz zu einem Teil, das im Elektroofen gebrannt wurde – da ist die Flamme eben nicht drüber gegangen."

# Ofen heizt das Haus

**Ein schlichter Kachelofen sollte es sein, den sich die Familie König wünschte. Herausgekommen ist etwas ganz Besonderes: Ein Kachelofen, der das ganze Haus beheizt.**

**Der Wärmetauscher wurde zwischen Schamottesteinen und Kacheln montiert. Somit wird die Masse des Ofens als Pufferspeicher genutzt.**

Die Vorstellungen von Familie König waren relativ klar, als sie ihre Wünsche bezüglich eines Kachelofens mit Martin Welte, Inhaber von Welte Öfen, besprachen: ein schlichter Kachelofen, als Grundofen ausgelegt, der als Mittelpunkt des Wohnraumes fungieren soll.

Darüber hinaus sollte der Ofen auch die Funktion als Ganzhausheizung übernehmen und somit als „Allrounder" fungieren.

So wurde im Hause König eine Ganzhaus-Heizung nach österreichischem Vorbild installiert. Eine Gruppe Vorarlberger Hafner ist dabei auf eine Lösung gestoßen, die bereits in mehreren Anlagen erprobt wurde und sich bestens bewährt hat. Ein intensiver Erfahrungsaustausch von Welte mit diesen Hafnern ermöglichte es dann auch, diese Technik beim Bauvorhaben der Familie König einzusetzen.

## Kernstück der Heizung

Das Kernstück stellt ein Absorberprofil dar, das die Wärmeübertragung vom Kachelofen auf das Verteilungssystem ermöglicht. Dieser Wärmetauscher wird nicht wie in herkömmlichen Anlagen direkt im Feuerraum angebracht, sondern zwischen Schamottesteinen und Kacheln montiert. Damit wird eine negative Auswirkung auf die Verbrennung vermieden, und die Masse des Kachelofens kann als Pufferspeicher genutzt werden. Außerdem lässt sich die Wärmeabgabe des Kachelofens selbst bei Bedarf auf ein Minimum reduzieren.

Alle nicht direkt vom Kachelofen beheizten Räume werden über ein Warmwassersystem erreicht. Da alles im Niedrigtemperaturbereich arbeitet, ist eine Wandheizung in diesen Räumen ideal. Ein kompakter Pufferspeicher, mit Elektropatrone, sorgt für die Warmwasserbereitung. Als ideale Ergänzung bietet sich eine Solaranlage an.

Somit wurden alle Forderungen von Königs unter einen Hut gebracht.

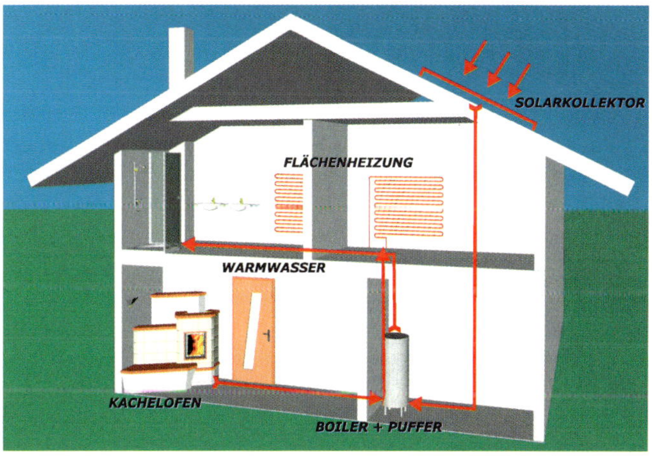


**So funktioniert die Ganzhausheizung: Eine speziell entwickelte Steuerung garantiert ein optimales Zusammenspiel aller Komponenten.**

# Vom Scherben zur Kachel

**Es war von jeher eine Kunst, schöne Ofenkacheln zu fertigen. Bereits im 14. Jahrhundert schmückten die ersten Kachelöfen die Räume. Eine Tradition, die bis ins heutige Jahrtausend nichts an Attraktivität verloren hat.**

Foto: Scholl

Die Entwicklung des Kachelofens wurzelt in den Back- und Stubenöfen der bronzezeitlichen Pfahlbaukultur der Alpennordseite, wie die zirka 2500 Jahre alten Funde belegen. Um die Wärmeabgabe dieser frühen Lehmöfen zu beschleunigen, ließ man irdene Töpfe in die Wände ein, die sich zu Topf- und Schüsselkacheln, „caccabus" genannt, entwickelten. Aus dieser entstand im Lauf der Zeit – auch verbal – die Kachel. Sie verleiht dem Kachelofen seine bis heute charakteristische Oberfläche. Aber erst durch die Kunst alpenländischer Töpfer (auch Hafner genannt) wurde der Kachelofen ab dem 14. Jahrhundert zum begehrten, schmucken Raumobjekt.

Und es war üblich, dass die Töpfer bis ins 19. Jahrhundert hinein die Ofenform und die einzelnen Kacheln in Zusammenarbeit mit Holzbildhauern, Goldschmieden, Architekten und Malern gestalteten. Das galt nicht nur für Prunköfen des europäischen Adels, sondern auch für Kachelöfen im bäuerlichen Wohnbereich, wo sie als künstlerischer Mittelpunkt des Hauses über Generationen ihre

behagliche Wärme spendeten. Im Zuge der Industrialisierung wurde die manuelle Kachelherstellung zunächst auf Manufakturen, später auf Kachelofenfabriken ausgedehnt. Aber trotz aller Industrialisierung bleibt es eben doch eine sehr individuelle Sache, wie im unten stehenden Kasten zu lesen ist.

## Überschlagtechnik

Eine grundsätzlich andere Form der Kachelherstellung entstand um die Mitte des 18. Jahrhunderts, die „Überschlagtechnik". Dieses Verfahren bot die Möglichkeit, schwierige Formelemente zu bewältigen, wie sie beispielsweise bei Rokoko- und Barocköfen auftraten.

Nach der Kachelofenkonstruktionszeichnung wurde der Kachelaufteilung entsprechend vom Schreiner ein Holzgerüst in Originalgröße des Ofens hergestellt. Darauf wurde – von unten nach oben – die Unterkonstruktion des Kachelofens, das Steggerüst aufgebaut. Auf dieses wurden die zum Teil großformatigen Kachelblätter übergeschlagen und bis zum lederharten Zustand getrocknet, wobei mit den unteren Kachelblättern begonnen wurde. Erst nach dem Austrocknen der ersten Lage konnte die nächste Kachelschicht überschlagen werden. Nach Abschluss des Überschlagens wurde der Ofenmantel an genau vorgegebenen Schnittstellen in einzelne Kachelteile zerschnitten, getrocknet und gebrannt. Auch heutzutage gibt es sie noch. Allerdings vorwiegend für Kachelöfen, die großflächige, runde und geschweifte Elemente haben.

**Jede Kachel ist ein Unikat und wird in liebevoller Handarbeit gefertigt.**

Alle Kachelfotos: Verband der Keramischen Industrie

### Kachelherstellung

Als erstes entwickeln Designer, Keramik Ingenieure, Modelleure und Glasurspezialisten Modelle einer künftigen Kachel. Dabei müssen aber vor allem rechtzeitig die Trends von morgen erkannt werden. Erfüllt der neue Entwurf dann auch noch alle ästhetischen und technischen Anforderungen, kann die Gießform für neue Kacheln angefertigt werden. Am Anfang jeder Kachel steht die flüssige Gießmasse, das ist der so genannte „Schlicker". Nach altbewährten Rezepten wird sie aus Tonen und Schamotte hergestellt. Stück für Stück wird dann die Gipsmasse in Gipsformen gegossen. Gips ist sehr porös und entzieht der flüssigen Masse das Wasser, so dass sich nach einer gewissen Zeit ein Scherben bildet. Nach 5–10 Stunden werden die feuchten Rohlinge entformt und manuell weiterbearbeitet. So werden überstehende Tonteile entfernt, Löcher für die Montage eingestoßen, die Rümpfe aufgeraut und die Nähte, die durch die Gipsformen entstanden sind, sauber verputzt. Danach gehen die Kacheln dann zum Trocknen, wobei sie ihre Restfeuchte verlieren und „schwinden", also kleiner werden. Die Trockenschwindung beträgt etwa 3,5 Prozent. Mit Bürsten, Pinseln und Messern wird den Kacheln nach der Trocknung zu Leibe gerückt. Das kleinste Schamottekörnchen muss entfernt werden, denn das würde später zu fehlerhaften Glasuren führen.

Fotos: Kago

Danach erhalten die Ofenkacheln ihr erstes Make-up, eine Grund- und eine Überglasur. Die mit Wasser aufgemahlenen und gemischten Glasuren werden mit Spritzpistolen auf die Kacheln aufgebracht.

Die Glasuren bestehen aus natürlichen Mineralien wie Quarz, Feldspat, Kalk oder Kreide. Es bedarf einer absolut ruhigen Hand und einem sicheren Auge, die Kacheln dann noch von Hand zu bemalen. Unterschiedliche Maltechniken stehen zur Auswahl. So zum Beispiel der Zweibrand: Hier werden die bemalten Kacheln erst einmal glasiert und bei 1040 Grad Celsius gebrannt. Danach folgt die Schlussbemalung. Haben dann die Kacheln ihren Look bekommen, geht sie zum zweiten Mal in den Brennofen – dieses Mal allerdings bei einer niedrigeren Temperatur, die bei ungefähr 750 Grad Celsius liegt. Andere Artikel wie zum Beispiel Lisenen durchlaufen bis zu vier Mal den Ofen. Beim Einbrand bringt die Malerin die verschiedenen Keramikfarben in mehreren Schichten auf die Glasur der rohen, ungebrannten Kacheln. Das fertig bemalte Motiv wird dann bei 1040 Grad Celsius eingebrannt. Danach kommen die Kacheln ganz schön ins Schwitzen. 24 Stunden verbringen sie im Brennofen, wobei die Haupttemperatur bei 1040 Grad Celsius liegt. Alle Unwägbarkeiten fließen hier zusammen und lassen die schönen Glasuren in ihrem natürlichen Farbspiel entstehen; von Hand aufgetragen, verschmelzen sie hier mit dem Scherben.

# Wandheizung: gesund warm

Eine Wandheizung aus Kupferrohren. Mit einer Thermofolie lässt sich später der Rohrverlauf darstellen. KME

**Warme Wände sind für unsere Gesundheit sehr zuträglich. Umso erstaunlicher, dass Wandheizungen immer noch als exotisch gelten. Wir informieren Sie von A bis Z darüber, was Wandheizungen leisten können und was sie kosten.**

Die Qualität der Atemluft hängt stark von der Wahl des eingesetzten Raumheizsystems ab. Bei einer Strahlungsheizung zum Beispiel werden ganze Bauteile temperiert, die ihre Wärme großflächig in die zu beheizenden Räume abstrahlen. Der Konvektionsanteil ist minimiert. Auf Grund erhöhter Temperaturen der den Raum umfassenden Flächen lässt sich die Raumlufttemperatur ohne Behaglichkeitsverluste auf etwa 18 Grad Celsius absenken.

Die Atemluft ist relativ kühl, wobei eine unangenehme Entwärmung des Körpers durch die erhöhten Wandtemperaturen (sie liegen bei 25 bis 30 Grad Celsius) verhindert wird.

Die Heizleisten erhöhen die Oberflächentemperatur der Wände. Von dort erfolgt die Wärmeabstrahlung in den Raum. Logitherm

## Hier erhalten Sie weitere Infos

▶ Wenn Sie spezielle Fragen zu Wand- oder auch Fußbodenheizungen haben, steht Ihnen der Bundesverband Flächenheizungen e.V., Postfach 1020, 58010 Hagen, zur Verfügung. Sie erhalten gegen Zusendung eines mit 1,53 Euro frankierten DIN A 4-Umschlages ein kostenloses Info-Paket. Für gezielte Fragen auch telefonisch bequem zu erreichen unter 02331/2008-50 oder per Fax -17. Auch via Mail (flaechenheizung@t-online.de) sind Anfragen möglich. Allgemeine Infos im Internet unter www.flaechenheizung.de

▶ Empfehlenswert im Netz: www.logitherm.de und www.paradigma.de. Einige Kachelofenbauer haben sich speziell mit Wandheizungen näher beschäftigt. Im Netz zu finden unter www.naturgesunde-waermestrahlung.de

In der freien Natur erleben wir dieses Phänomen zum Beispiel beim Sonnenbaden im Schnee. Bei Außentemperaturen unter 10 Grad Celsius liegen wir in Badekleidung im Liegestuhl. Die intensive Sonnenstrahlung verhindert eine Auskühlung des Körpers. Ein positiver Nebeneffekt der abgesenkten Raumlufttemperaturen liegt in der direkten Energieeinsparung von bis zu 20 Prozent.

### Flächenheizungen gibt es schon lange Zeit

Schon die Römer erwärmten durch einfache Temperierung von Wandflächen ihre Räume. Von einer offenen Feuerstelle im Untergeschoss der Gebäude aus wurden die heißen Abgase durch Luftkanäle, die sich im Fußboden und in den Wänden befanden, ins Freie geleitet.

Die Bauteile wurden hierdurch aufgeheizt und strahlten die Wärme gleichmäßig in die zu beheizenden Räume ab. Die nicht beheizten Wände wurden von den Heizflächen angestrahlt. Sie absorbierten und reflektierten die Wärmestrahlung, so dass sich die gesamte Raumhülle in einem Wärmestrahlungsausgleich befand. Die Raumluft blieb angenehm kühl. Ähnliche Effektive lassen sich heute mit Kachelgrundöfen erzielen. Ausgehend von dem heißen Kachelofenkörper trifft die Wärmestrahlung auf die umgebenden Wand-, Fußboden- und Deckenflächen. Die Bauteile werden aufgeheizt und strahlen die Wärme zurück in den Raum. Wer weiter entfernt liegende Räume heizen möchte, benötigt ein anderes System, bei dem der Kachelofen oder Kamin aber als Wärmeerzeuger einzusetzen ist. Die Temperierung der Wände erfolgt durch drei grundsätzlich verschiedene Techniken: Bei wasserführenden Unterputzsystemen werden Heizungsrohre aus Kupfer oder Kunststoff auf den Wänden installiert und eingeputzt. Die Komponenten gibt es als Baukasten.

### Luftkanäle verlaufen in den Wänden

Bei der so genannten Hypokaustenheizung, das war die Heizung der Römer, befinden sich in der zu beheizenden Wand senkrechte Luftkanäle. Unterhalb der Luftkanäle verläuft, verdeckt durch die Fußleiste, ein Wärmetauscherrohr. Wird das Rohr vom Heizwasser durchströmt, erwärmt sich die Luft im Bereich des Rohres. Die warme Luft steigt innerhalb der Kanäle nach oben und erwärmt so die Wandoberfläche. Nach Abkühlung sinkt die Luft nach unten und der Vorgang wiederholt sich.

In den letzten Jahren wurden von der Bauindustrie für die unterschiedlichsten Anwendungsbereiche Bauelemente mit

**Die Strahlungswärme der Wand übernimmt die Funktion der Sonne und sorgt für eine angenehme Wärme im ganzen Raum. Die Luft wird nicht umgewälzt, Staub nicht aufgewirbelt.**

**Engelbert Kern, Logitherm**

**Keramische Oberflächen können Wärme glänzend speichern. Deshalb lohnt es sich, über eine Wandverkleidung in Ton nachzudenken. Foto links: Hier wird dem Besucher bereits in der Diele eine einladende Sitzgelegenheit geboten. Sommerhuber**

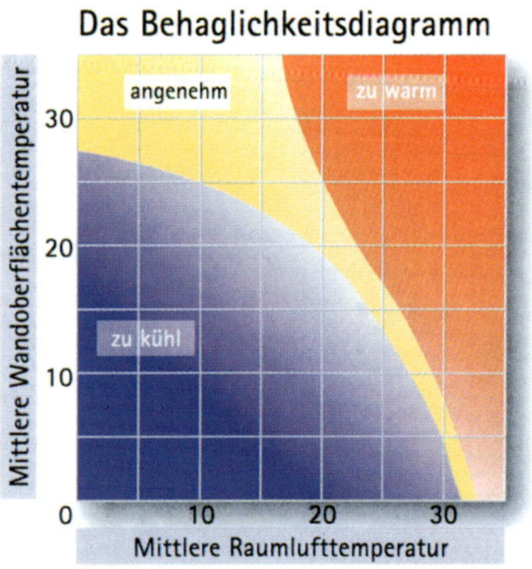


**Das Behaglichkeitsdiagramm gibt den Zusammenhang zwischen Luft- und Wandtemperaturen und dem Wärmeempfinden des Menschen an: Wohlgefühl entsteht danach bei warmen Wänden und verminderten Raumtemperaturen. Logitherm**

**Eine Wandheizung ist schnell und kostengünstig zu installieren. Es ist nur ein geringer Wandaufbau erforderlich. Auch das Löcherbohren ist kein Problem, denn eine Thermofolie zeigt während der Aufheizphase, wo die Heizröhren verlaufen. Wieland**

integrierten Luftkanälen beziehungsweise zur Ausbildung von Hohlraumebenen entwickelt. Diese ermöglichen einerseits die Zirkulation der Warmluft und damit die Erwärmung der Wandoberfläche und dienen gleichzeitig als Installationsebene für Leitungssysteme der übrigen Haustechnik wie Elektro, Brauchwasser, Abwasser und Heizungsanbindung.

Wichtig: Wände mit dem Kalksand-Luftkanalstein erfüllen die statischen Anforderungen von Tragwänden und fungieren durch das speziell angeordnete Lochbild gleichzeitig als raumwärmende Hypokaustenwände.

## Heizleisten liefern die Wärme vom Sockel aus

Die Sockelheizleiste hat im Altbau Tradition: Die durch die Rohre auf 30 bis 40 Grad Celsius erwärmte Luft steigt vor der Wand nach oben und fällt nach Abkühlung im Wandbereich wieder nach unten. Bei korrekter Dimensionierung erfolgt die Warmluftkonvektion nur im

## Wandheizungen im Überblick

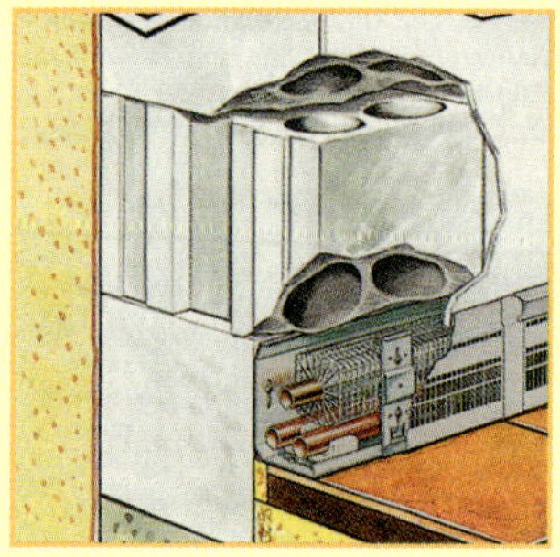

Wichtiger Bestandteil: mit Luftkanälen versehene Kalksandsteine. Sie ergeben eine Tragwand, die gleichzeitig Wärme speichert und an den Raum abstrahlt. In den senkrechten Kanälen zirkuliert warme Luft.

Für den schnellen Ausbau wie geschaffen: ein Wandheizsystem, das mit einer Vorsatzschale funktioniert. Für den Neubau ebenso geeignet wie für die Altbausanierung. Geringer baulicher Aufwand.

Mit der Thermoplatte lassen sich in der Altbausanierung intelligente Komplettlösungen finden. Wärmedämmung, Heizfläche und Installationsebene sind in sich vereint. Und das Raumklima profitiert.

Eine günstige Variante ergibt sich bei einem Haus in Holzständerbauweise. Hier werden die vorhandenen, in jedem Fall benötigten Installationsebenen auch als Luftkanäle für die Wandheizung genutzt.

Diese Art der Wandheizung gleicht noch am ehesten einer konventionellen Fußbodenheizung. Vorgefertigte Kupfermodule, die auf der Wand befestigt und eingeputzt sind, erwärmen diese großflächig.

Wenn eine Aufdoppelung der Wände nicht erwünscht ist, zeigt die Sockelheizleiste ihre Stärke. In Holz- oder Metallausführung findet sie gerade in der Modernisierung oder Nachrüstung großen Anklang.

**Hier die Preise für die verschiedenen Systeme**

**Wasserführende Unterputzsysteme:** 75 bis 115 Euro bei einer möglichen Heizleistung von 100 bis 180 Watt pro Quadratmeter Wandfläche.
**Hypokaustensysteme:** 40 bis 65 Euro bei einer möglichen Heizleistung von 60 bis 180 Watt pro Quadratmeter Wandfläche.
**Sockelheizleisten:** 130 Euro bei einer möglichen Heizleistung von 195 bis 270 Watt pro laufendem Meter.

Grafiken und Quelle: Paradigma

**Eine auch ästhetisch gelungene Kombination von gemütlicher Kachelofenwärme direkt aus der Wand und moderner Raumgestaltung.**

Bereich der belegten Wände. Das ergibt eine großflächige Erwärmung der Wandoberflächen. In Form von Strahlung wird die Wärme von den Wänden an den Raum abgegeben.

Die Holz- oder Metallverkleidungen sind im Lieferumfang der Hersteller enthalten. Die Bauherren haben aber auch die Möglichkeit der individuellen Gestaltung. Sockelheizleisten werden zum Teil mit integrierten Kabelhaltern angeboten, so dass hier, insbesondere bei der Modernisierung von älteren Häusern, Schlitz- und Beiputzarbeiten für die nachträgliche Elektroinstallation entfallen können. Im Bereich der Sanierung wird neben einem gesunden Raumklima eine trockene, also gute Bausubstanz erreicht.

Die Qualität der Wärmetauscherrohre und eine wirksame Schachthöhe der Verkleidung bestimmen maßgeblich die Heizleistung. Die wirksame Schachthöhe erstreckt sich von Mitte Wärmetauscherrohr bis zur Luftaustrittsöffnung.

Abgesehen von den etwas aufwendigeren Verkleidungen sind die Systemkomponenten der Heizungstechnik nahezu identisch mit dem Materialbedarf für Hypokaustensysteme.

Ein heute ganz wesentlicher Aspekt: Wandheizungen sind das ideale Wärmesystem für Hausstaub-Allergiker. Die gleichmäßige Wärmestrahlung der Wände sorgt für ein gesundes Raumklima. Die Staubluftwalze herkömmlicher Heizkörper gehört dann der Vergangenheit an.

Fazit: Für den Einsatz eines Wandheizungssystems, eventuell kombiniert mit Keramikoberflächen, spricht der hohe Wärmestrahlungsanteil von bis zu 90 Prozent, Heizkörper liegen bei 10 bis 30 Prozent.

## Strahlungsflächen-Systeme kurz gefasst

Wandheizungen faszinieren, weil sie nach dem Prinzip der Sonne arbeiten, dem ältesten Heizsystem überhaupt. Durch die gleichmäßige Wärmestrahlung der einsetzbaren Varianten ergibt sich ein gesundes, behagliches Raumklima. Strahlungsflächenheizungen mit einem großflächigen Wärmesystem in den Wänden lassen sich ohne Probleme als Wärmequelle für das ganze Haus, aber auch punktuell für die Erwärmung von Bänken, Raumplastiken oder Wohnlandschaften nutzen. Bei modernen keramischen Flächenheizungen übernehmen Heizgaszüge oder die geschlossenen und damit hygienisch einwandfreien Warmluft-Führungen die Erwärmung der Ofenkacheln. Bei der Warmluftführung wird die im Heizeinsatz erzeugte Wärme über ein Leitungssystem den Strahlungskörpern zugeführt. Selbstverständlich kann die Erwärmung der Flächen auch über den Wärmeträger Wasser erfolgen. Wer sich ein umfassendes Bild über das komplette aktuelle Marktangebot machen möchte, kann zum Beispiel über die Hagos, Postfach 800560, 70505 Stuttgart, Infos über die Wandheizung anfordern. Auch alle hier in diesem Beitrag erwähnten Firmen und Verbände halten Wissenswertes für Sie bereit. Nutzen Sie das Adressenverzeichnis auf den Seiten 126 und 127.

## Keramikwände in modernem Design

Die österreichische Firma Sommerhuber versucht mit der Linie „cool heat" Wärme spendende Strahlungswände mit keramischer Oberfläche im Markt zu etablieren. Die Elemente dieser Serie können laut Hersteller an jede Zentralheizung angeschlossen oder elektrisch beheizt werden. Sie bietet vielfältige Einsatzmöglichkeiten als Wandelement oder Halbsäule und als Raumteiler in Form der klassischen Säule und der Ellipse. Die einfache schnelle Montage ermöglicht es, dass Sie Ihre Wandheizung bei einem Umzug mitnehmen können. Internet: www.cool-heat.at

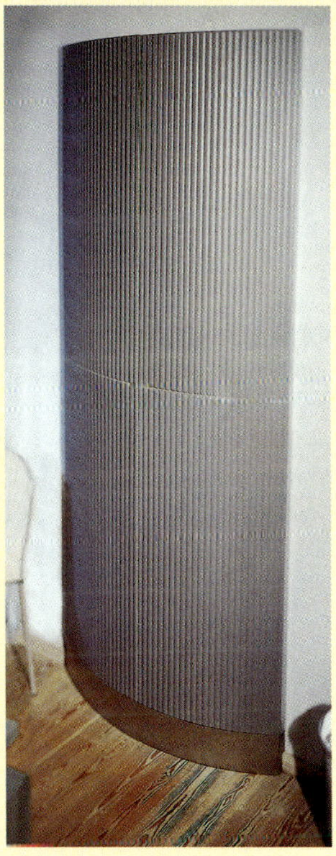

Texte: AdK, Amadeus, Hagos; Fotos: Hagos, Sommerhuber

# Ein Schornstein bringt Vorteile

**Ein Schornstein muss seine Aufgaben sicher und zuverlässig erfüllen. Wenn die Voraussetzungen stimmen, also Heizung und die Qualität der Abgasführung optimal zueinander passen, dann hält das wichtige Bauteil viele Jahrzehnte.**

Aktuelle Marktuntersuchungen belegen, dass sich bei Bauherren und Hausbesitzern eine deutliche Tendenz zu Gunsten holzbefeuerter Kamin- und Kachelöfen sowie zum Schornstein abzeichnet. Die Gründe hierfür sind vielfältig, aber nachvollziehbar. Zum einen ist es die ursprüngliche Lust am Feuer, zum anderen sind es aber auch konkrete Wünsche nach einer individuellen und unabhängigen Wärmeversorgung.

Immer mehr Bauherren möchten neben einer modernen Öl- oder Gaszentralheizung auch regenerative Formen zur Erwärmung ihrer eigenen vier Wände nutzen. Bei der Wahl des Brennstoffs wollen die Menschen dabei häufig selbst entscheiden, wo sie den Energieträger wann und zu welchem Preis einkaufen. Gerade die aktuelle Entwicklung beim Erdgas- und Nahwärmepreis machte Hausbesitzern deutlich, wie kostenintensiv Abhängigkeit sein kann. Kamin- und Kachelöfen gelten in diesem Zusammenhang als sinnvolle Alternative.

**Kommt ein Schornstein geflogen: Sämtliche Anschlüsse sind werkseitig in die bis zu 6 Meter langen Elemente eingebaut. IPS**

## Ein Schornstein gehört zu jedem Haus

Laut Untersuchung des Marktforschungsinstituts GfK, Nürnberg, wird kaum ein neu gebautes Eigenheim ohne den nötigen Schornsteinzug geplant.

Immerhin 7,6 Millionen Zweitheizgeräte für feste Brennstoffe erwärmen mittlerweile die deutschen Wohnstuben. Und wie in der letzten Heizsaison, werden auch in diesem Jahr rund 250000 derartige Feuerstätten hinzukommen. Sie stehen für Lebensqualität und schaffen behagliche Wärme. Darüber hinaus stellen diese Wärmeerzeuger speziell in der so genannten Übergangszeit, also im Frühling und Herbst, eine energiesparende Ergänzung des zentralen Heizsystems dar. Mit dem Brennstoff Holz betriebene Kamin- oder Kachelöfen sparen dann rund 30–50 Prozent im Vergleich zu den Energieträgern wie Öl, Gas, Strom, die sonst zur zentralen Beheizung benötigt würden.

Wolfgang Wegener, lange Jahre Geschäftsführer der Initiative Pro Schornstein e.V. (IPS) und ausgewiesener Schornsteinexperte macht anhand aktueller Zahlen klar, dass es offensichtliche Markttendenzen gibt: „Wir verzeich-

**Nutzen Sie den Schornstein allgemein als vertikale Verbindung innerhalb des Hauses. Auch für die Rohre der Solaranlage. Lafarge**

nen seit einigen Jahren wieder eine ansteigende Nachfrage der Bauherren bezüglich der prinzipiellen Installation eines Schornsteins".

Neben der positiven Entwicklung zu Gunsten mineralischer Schornsteine – diese werden immerhin in annähernd 83 Prozent aller privaten Neubauten eingesetzt – konnte auch der Anteil mehrzügiger Abgasanlagen gesteigert werden. Etwa 58 Prozent aller Schornsteinsysteme besitzen heute zwei oder mehr Züge. Dieser Wert lag in vergangenen Erhebungszeiträumen (wie zum Beispiel in den Jahren 2000 und 2001) noch unter 50 Prozent.

Die Verbraucher haben demnach die universellen Einsatzmöglichkeiten mehrzügiger Systeme erkannt. Egal ob sie mit Heizöl, Gas oder festen Brennstoffen heizen: Mit modernen Abgasanlagen schaffen sie sich eine gewisse Zukunftssicherheit und Unabhängigkeit in der Wärmeversorgung.

## Mehrzügig und heute häufig mineralisch

Die Neuerungen auf dem Energiemarkt gingen auch am Schornstein nicht spurlos vorbei. Er veränderte sich stetig in seinen Dimensionen und auch in Bezug auf die verwendeten Baustoffe. Nachdem der Hausschornstein früher in der Regel Stein für Stein gemauert wurde, verwendet man heute überwiegend dreischalige Abgassysteme mit keramischen Innenrohren. Die hochwertige Keramik überzeugt durch hervorragende Materialeigenschaften und eine hohe Langlebigkeit. Funktions-

**Verzichten Sie beim Neubau auf keinen Fall auf einen Schornstein, denn eine mehrzügige Schornsteinanlage erfüllt heute alle technischen Anforderungen, die moderne Heizkonzepte zur Realisierung benötigen.**

**Dipl.-Ing. Wolfgang Wegener, Schornsteinexperte**

## Und das müssen Sie für verschiedene Schornsteine zahlen*

**Heizungszug:**
Ein moderner Heizungszug bietet dem Bauherren die Möglichkeit, immer den „optimalen" Energieträger (Gas, Öl, Holz oder zukünftig Pellets) wählen zu können. Dies schafft dauerhaft die Gewissheit, sein Heizsystem flexibel an die Gegebenheiten anpassen zu können – und dies auch noch in einigen Jahren.

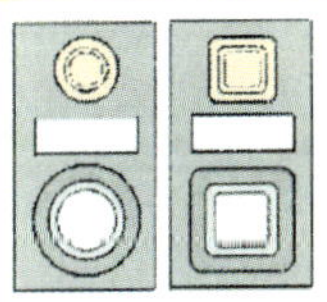

Heizungszüge gibt es in zwei Formen.

**Materialpreis:** ca. 870 Euro

**Zuschuss:**
Bei automatisch beschickten Anlagen zur Verfeuerung fester Biomasse.
Bei Anlagen bis zu einer Nennwärmeleistung von 100 Kilowatt: 50 Euro je Kilowatt errichteter installierter Nennwärmeleistung, höchstens jedoch 2000 Euro je Einzelanlage.

**Servicezug:**
Die Wahl, im Schornstein einen Installationszug zu besitzen, macht sich dauerhaft bezahlt: Hier können Solarleitungen auf kurzem Weg und mit wenig Aufwand vom Dachbereich zum Heizungsbereich verlegt werden. Dies auch nachträglich. Darüber hinaus ist der Zug als Vorsorge für die Verlegung von Antennen- oder Fernsehkabel bestens geeignet.

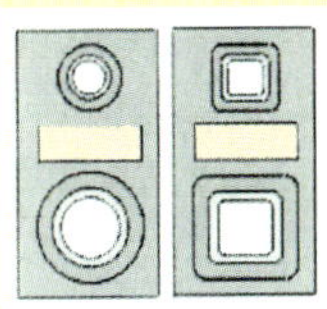

Der Service-Schacht kann viel nützen.

**Aufpreis:** ca. 150 Euro

**Zuschuss:**
92 Euro je angefangenem Quadratmeter installierter Bruttokollektorfläche, höchstens jedoch 25 000 Euro je Einzelanlage.

**Kaminofenzug:**
Das eigene Feuer im Wohnzimmer macht das Haus erst richtig gemütlich. Außerdem wirkt sich diese Investition positiv auf den Wert des Hauses aus. Auch ein nostalgischer Küchenherd kann meistens an den gleichen Zug angeschlossen werden. Zwei Mal Gemütlichkeit an einem Zug.

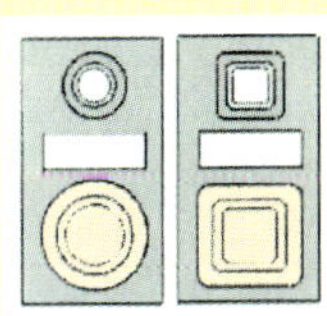

Auf jeden Fall für die Zukunft gerüstet.

**Aufpreis:** 1250 Euro

* Vergleich der Schornsteinpreise für einzügige, einzügige mit Installationszug und zweizügige Schornsteine.
Und zwar für ein normales Einfamilienhaus. Holen Sie zum Vergleich den Preis bei Ihrem Baustofffachhändler ein. Die hier angegebenen Preise basieren auf einem Durchschnittswert aus dem Jahr 2002 ohne Mehrwertsteuer. Ein Formular dazu finden Sie im Internet unter www.proschornstein.de. Dort steht Ihnen auch ein kostenloser Energierechner zur Verfügung, mit dem sich verschiedene Wärmekonzepte vergleichen lassen.

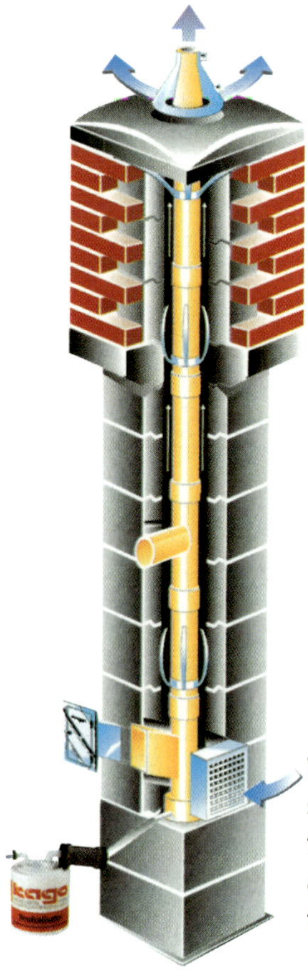

Hinterlüftungsabstände sorgen fürs Austrocknen. Die Abstandshalter garantieren eine mittige Rohrführung.

Wählen Sie einen Schornstein, der für alle Fälle gerüstet ist: für alle Brennstoffarten, Heiztechniken und für Umstellungen. Kago

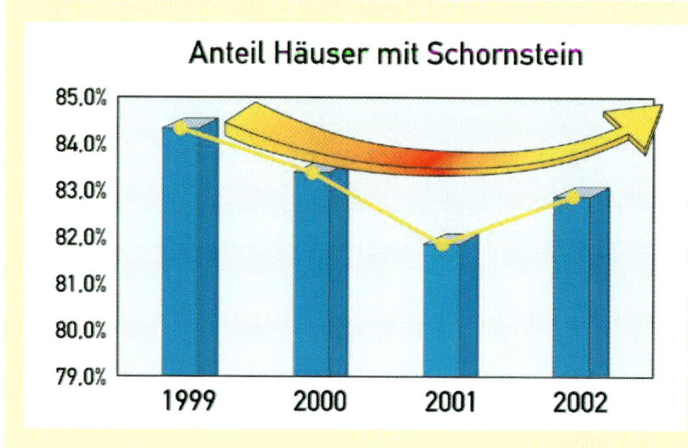


Seit dem Tiefpunkt 2001 zeigt die Entwicklung in den letzten Jahren nach oben. Die meisten Bauherren sind vom Nutzen eines Schornsteins überzeugt. IPS

garantien von 30 Jahren sind bei Herstellern von hochwertigen Produkten durchaus üblich.

Darüber hinaus kann so ein Schornstein universell für alle Brennstoffarten und Feuerstätten eingesetzt werden. Er bildet die Basis zur Nutzung individueller Heizkonzepte; ist allerdings nachträglich nur schwierig oder mit entsprechend hohem Kostenaufwand einzubauen.

## Alternativ: Abgasrohr aus Edelstahl

Richtig „in" sind zur Zeit Abgassysteme aus Edelstahl. Aufwendige Wärmedämm-, Schneid- oder Schweißarbeiten an der Baustelle sind meist nicht erforderlich. Kein Wunder also, dass diese Abgasleitungen eine interessante Alternative zum mineralischen Schornstein bilden. Die Metall-Schornsteine können an jeden Wärmeerzeuger angeschlossen werden, der mit festen Brennstoffen betrieben wird. Der beachtliche Erfolg des Werkstoffs ist zum einen auf die geprüfte Qualität des Materials, zum anderen auf den hohen Verarbeitungsstandard zurückzuführen. Die für den speziellen Einsatz erforderlichen doppelwandigen Elementsysteme sind so konstruiert, dass sie sich schnell montieren lassen.

Das umfangreiche Sortiment ermöglicht zudem eine objektbezogene Verwendung. Die Produkte überzeugen durch Systemvielfalt und ein komplettes Zubehörprogramm. Die zeitsparende Montage der leichten Systeme ist meistens ohne aufwendige Fundamentierungsarbeiten durchzuführen. Die große Flexibilität in Bezug auf Änderung, Erweiterung oder auch Demontage stellt einen weiteren Vorteil dar.

Alle Bauteile des Schornsteins werden aus hochwertigem Edelstahl gefertigt. Wichtig: Eine 40 Millimeter starke Wärme-

### Schornsteinsanierung von A bis Z

- ► Schädliches Kondenswasser, aggressive Säuren, eventuell eindringendes Regen- oder Schmelzwasser sind eine schwere Belastungsprobe für Ihren Schornstein. Versottung ist die Folge.
- ► Ist der Schaden erst sichtbar, dann ist es höchste Zeit zum Handeln.
- ► Schornsteinsanierung erfolgt vom Dach: sauber, ohne Stemmen, ohne Schmutz, ohne Eingiff in die statische Substanz Ihres Hauses.
- ► Keramische Systeme eignen sich für alle Brennstoffe und überzeugen durch ihre hohe Lebensdauer. Bei festen Brennstoffen wird eine spezielle Wärmedämmung verwendet, die bei allen anderen Brennstoffen nicht nötig ist.
- ► Spezielle Kunststoffrohre finden bei einem Schornsteinzug Verwendung, der besonders niedrige Abgastemperaturen zu verarbeiten hat.
- ► Edelstahlrohre werden oft bei knappem Querschnitt eingesetzt.

Auch qualitativ hochwertige keramische Sanierungssysteme überzeugen durch einfache Handhabung. Raab

**Links und oben: Der zuständige Bezirksschornsteinfegermeister überprüft den fachgerechten Einbau des Kaminofens und überzeugt sich von der korrekten Abgasführung. Die Abnahme wird bescheinigt.**

dämmung ermöglicht die fugenlose Verbindung der Bauteile ohne Wärmebrücken. Durch diese Bauweise wird die optimale Betriebstemperatur innerhalb kürzester Zeit erreicht.

Weiterhin verhindert eine eigens entwickelte Technik auf der Innenseite der Abgasleitung wirkungsvoll das Eindringen von Feuchtigkeit in die mineralische Wärmedämmung.

Farbig behandelte Edelstähle werden ebenso angefertigt wie Außenmäntel aus Kupfer. Die Edelstahl-Abgassysteme lassen sich sogar in denkmalgeschützte Objekte integrieren.

Als Flaggschiff gilt unter Umweltaspekten die Kombination der Solartechnik mit einer modernen Holzverbrennung. Eine Entwicklung, die auf Grund der Preissituationen auf dem Energiemarkt durchaus Zukunft hat.

Bauherren, die Investitionen zur Errichtung $CO_2$-neutraler Heizkonzepte scheuen oder auf die klassischen Energieformen vertrauen, haben durch intelligente Planung die Möglichkeit, ihre Wärmeversorgung modular, also Stück für Stück aufzubauen. Voraussetzung ist in jedem Fall ein mehrzügiger Schornstein. So erwirbt der Bauherr die Option, sein individuelles Heizkonzept später zu realisieren.

## Der Schornsteinfeger kennt sich aus

Und schon im Vorfeld gibt es eine einfache Möglichkeit, kostenlosen Expertenrat zu nutzen. Denn der Bezirksschornsteinfegermeister liefern schon in der Planungsphase praktische Tipps, damit Heizung und Schornstein zueinander passen.

Später übernimmt er die Kontrolle des Schornsteins und überprüft regelmäßig die Abgaswerte. So lassen sich Schwachstellen schnell finden. Auf ihn als Ratgeber sollte weder im Neubau noch im Gebäudebestand verzichtet werden.

## Abgasrohr: funktional und sicher

„Wenn ein Ofen ohne Abnahmebescheinigung beziehungsweise trotz Mängelmeldung, die auch den Schornstein selbst betreffen kann, betrieben wird, zahlen im Brandfall weder Gebäudewohnversicherung noch Hausratversicherung." Damit weist Bezirks-Schornsteinfegermeister Peter Moers auf ein heißes Eisen hin, und warnt Laien, die selbst einen Ofen aufbauen möchten: „Juristisch wird das als grob fahrlässig eingestuft – es drohen also harte Strafen!"

Eine absolut sichere Schornstein-Variante zeigen die Bilder rechts: In den Schornstein wird ein Abgasrohr aus Edelstahl eingezogen. Dabei muss die Dimension des Rohrs sowohl zum Schornstein als auch zum Kaminofen passen. „Durch das runde, innen sehr glatte Rohr kann der Rauch sehr gut abziehen", erklärt Bernd Riedl, Geschäftsführer der Schornsteinbau-Fachfirma Riedl & Partner. Auch im vorliegenden Fall hat der Fachmann vor dem Einbau entsprechend der DIN 4705 Teil 1 rechnerisch nachgewiesen, dass sich der Zug durch das Innenrohr verbessert.

Foto: Wodtke

# Moderne Ofenwelten

**Wer moderne Feuerstätten sucht, wird in erster Linie nach Kaminen und Kaminöfen Ausschau halten. Sie haben sich in den vergangenen Jahren nicht nur ästhetisch, sondern auch technisch enorm weiter entwickelt. Richtig eingesetzt sorgen sie für gestalterische Akzente und ein behagliches Raumklima.**

Im Winkel von 5 Grad neigt sich der „Tower" sanft zurück. Die Oberfläche des Korpus gibt es in Anthrazit, Edelrost oder Edelstahl. Die Griffe sind aus Buche. Preis: ab 7500 Euro. Attika

„Aurora Flammea" verbindet den traditionellen holzbeheizten Specksteinofen mit einer zukunftsweisenden Formgebung. Preis: 20 000 Euro. Tulikivi

Kaminofen „Regent chrom" mit rund geformter Feuerungstür. Preis: 2000 Euro. Oranier

Außergewöhnliche Kamine oder Öfen lassen sich nur umsetzen, wenn zum handwerklichen Können eine große Portion Kreativität mit Blick für die Funktion hinzukommt. Preis: 9000 Euro. Tonart

Über dem Einsatz mit seiner 80 cm hohen Feuerungstür wurde mittig ein schöner Farbverlauf realisiert, der sich sogar wechseln lässt. Preis: 7200 Euro. MEZ

Bei diesem Designstück, ein Holzbrand-Speicherofen, sind Ofenbank, Leselicht und Wandanschlussblende integriert. Preis: ab etwa 15 000 Euro. Poli

## Moderne

Die Moderne ist gekennzeichnet durch reduziertes Design in der Konzentration auf ihre Funktionalität. Schlichtheit und klare Formengebung sind die ästhetischen Aspekte dieser Raumgestaltung und haben Vorrang. Wenn dekorative Elemente eingebracht sind, sind sie geometrisch, ornamental oder als strukturierte Oberfläche zu sehen.

Die Öfen, die in dieser Umgebung zu Hause sind, präsentieren sich in Blau- oder Schwarz-Tönen, im Material-Mix oder aber in gebürstetem Edelstahl oder Aluminium. Den Materialien also, die die ersten sind, die im neuen Jahrtausend Karriere machen, und die auf jeden Fall ein High-Light darstellen. Hier ist der Ofen nicht nur Ofen, hier wird er bewusst als fetziges Einrichtungsmöbel zur Schau gestellt.

Gaskachelkamin in Hypokaustenbauweise, vom Ofenbauer mit indirekter Beleuchtung ausgestattet. Preis: 14 000 Euro. Schätzle

Gefertigt als Einzelstück in Stahl mit Edelstahlverblendung, lasierte Putzfläche. Rauchgasführung durch den Keller. Preis: 11 500 Euro. Klass

Die Leistung des Heizeinsatzes „Piccolo" liegt, je nach Ausführung und Bauart, bei 5 bis 6,5 kW. Kamin-Preis: etwa 7500 Euro. Olsberg

„Filou", mit einer attraktiven Steinplatte als Abdeckung, macht überall eine gute Figur. Preis: 2170 Euro. Kaminfeuer

Optische und technische Feinheiten: Designkamin „Scala" in der Wandversion, Hier in der Farbe Rubin. Preis: ab 4200 Euro. Austroflamm

# Klassische Ofenwelten

**Groß ist die Zahl der Anhänger eher klassischer Ofenmodelle. Denn von der Form und den Farben her lassen sie sich einfacher in ein bereits vorhandenes Wohnumfeld integrieren. Die Liebhaber klassischer Öfen sehen in manchem Detail moderner Öfen nicht den individuellen Farbtupfer, sondern einen modischen Schnickschnack, auf den sie gerne verzichten möchten – weil man ihn vielleicht nach ein paar Jahren nicht mehr sehen kann.**

Foto: Jasba

Kachelkamin mit aufklappbaren Türen. Die weiß glasierten Kacheln bilden einen Kontrast zu den engobierten Terracotta-Flächen. Preis der Anlage: rund 12 500 Euro. Tonangebend

Einbaukamin „Noblesse“, Front anthrazit, mit beiger Natursteinverkleidung. Preis: rund 3050 Euro. Max Blank

Kombination von Kamin- und Kachelofen in Hypokaustentechnik. Der Kachelofen wird dabei durch die Konvektionswärme des Kamins im geschlossenen Kreislauf erwärmt. Preis: auf Anfrage. Lechnerhof

Mit dem „Cheminée de Luxe, Modell 1001“ lassen sich nach Herstellerangaben auch erstklassige Verbrennungswerte erzielen. Preis: auf Anfrage. Ganz

Der seit über 200 Jahren als Wärmespeicher bekannte Speckstein erlebt eine Renaissance. Hier das Modell „Andrea" eines finnischen Herstellers mit eigenem Steinbruch. Preis: auf Anfrage. NunnaUuni

Der „Optifocus" will die Anforderungen wie geringer Platzbedarf, optimale Feuersicht, hoher Heizwert und gute Optik erfüllen. Preis: auf Anfrage. Bachmann

## Klassik

Harmonische Integration von Einzelstücken in eine raumumfassende Gestaltung, ohne dass diese ihren optischen Reiz verliert. Das ist das Thema der Klassik. So muss auch der Ofen als Einzelstück beschaffen sein, ohne sich in den Vordergrund zu drängen.

Einher mit diesen Vorstellungen geht die Nachfrage nach wertvollen Materialien, guter Verarbeitung und passender Formensprache. Gedanken an Wintergärten, Blumen, pastellige Gemälde werden unterstrichen durch seidige Stoffe, helle Ledermöbel, uni matt und lackglänzende Möbelhölzer. Die Formen sind elegant und klar, zurückhaltender Schmuck mit kleiner filigraner Detailarbeit unterstreicht den wertvollen Charakter.

„Cortina" ist ein geradliniger Warmluft-Putzofen mit verschiedenen Ablagen. Die Sitz- und Ablageflächen sind aus gebranntem Ton. Preis: etwa 9500 Euro. Stegemann

Beim „Beron Panorama“ ist die Kachelkeramik in Grün, Cotto und Blau zu erhalten. Preis: rund 4700 Euro. Koppe

Ofen aus der Serie „CottoRosso“. Preis Kachelmaterial, ohne Aufbau: 2700 Euro. Gutbrod

Die Brennkammer ist vollständig mit Specksteinplatten ausgekleidet. Das macht den „Carl-Gustaf“ zu einem effektiven Kamin. Preis: auf Anfrage. Nibe

Kachelkamin mit hochschiebbarer Glastür, als Raumteiler konzipiert. Die Bank auf der Rückseite ist beheizbar. Einfassung aus Terracotta. Preis: rund 11 500 Euro. Tonangebend

Foto: Sommerhuber/Stegemann

# Traditionelle Ofenwelten

**Hinter dem Wort „Tradition“ stecken nicht verstaubte Ansichten oder verstaubte Öfen. Es geht darum, Dinge oder eben auch Kachelöfen und Kamine in einer bewährten Form für die Gegenwart und Zukunft zu erhalten. Es zählen immer noch Gemütlichkeit, Wärme und Geborgenheit.**

Herzstück dieses Kachelofens ist ein Öl-Heizeinsatz aus Gusseisen. Der Einsatz kostet um 2000 Euro, den Preis für die komplette Anlage liefert der Ofenbauer. Buderus

Ein Kamin auf der Basis von Stahl, Messing, Edelstahl oder Kupfer – kombiniert mit Naturstein, Glas und Lack. Preis: etwa 8500 Euro. Boley

Ein besonderes Ringelement mit Bratrohr ermöglicht Funktionen wie das Backen, Braten, Auftauen oder Dörren – ohne zusätzlichen Energieverbrauch. Der Typ „Arosa“ kostet rund 5250 Euro. Rink

„Morsø 1440“, ein kleiner Konvektionsofen mit großer Glastür, ist mit schlichten Seitenplatten oder den bekannten Eichhörnchenmotiven erhältlich. Produktpreis: 760 Euro. Morsø

Traditionell im besten Sinn, das ist dieser Kachelofen: Die einzelnen Kacheln zeigen, wie viel Sorgfalt und Freude am Detail beim Entwurf und in der Herstellung aufgewendet werden. Preis: 9000 Euro. Gutbrod

Kamingewände „Camargue": Der Preis für die Anlage, komplett mit Einsatz oder als gemauerte offene Feuerstelle, inklusive der Arbeiten des Ofensetzers und der Keramikmaske liegt bei 12 500 Euro. Heinrichs

## Tradition

Tradition bedeutet Leben in Komfort und Repräsentation. Drei Dinge haben Vorrang: Edles Material, nobles Design, hochwertige Ausstattung und Verarbeitung. Unter diesen Gesichtspunkten sind edle Hölzer zu sehen, teilweise mit Einlegearbeiten und besonderen Beschlägen. Traditionelle Möbelstücke wie Vitrinen, Sekretäre oder Vertikos sind Bestandteil. Nicht als Kopie, sondern mit beinahe neoklassizistischen Formen, unter dem Gesichtspunkt des Einzelstückes, so dass die Kombination mit klaren Kastenformen, die den funktionalen Bedarf berücksichtigen, ermöglicht wird.

Besondere Akzente setzen Bronze, Messing, Zinn, ausgefallene Keramiken als Dekoration und Accessoires. Der Kachelofen oder Kamin, der hierzu passt, sollte also als Solitär für sich wirken und sich doch dem Stil anpassen. Dies kann sowohl der traditionell ländlich gestaltete Kamin sein als auch die aufwendige Kaminanlage mit Marmorfassade.

Die Kaminanlage „Camina N3" wurde mit dem Naturstein Piedra de Silos hergestellt. Der Preis liegt bei rund 13500 Euro. Spartherm

Die Barock-Stilkaminfassade des Modells „Maria Theresia" setzt Akzente.
Die Verkleidung ist aus in aufwendiger Feinarbeit verziertem Carrara-Marmor.
Preis: 9000 Euro. Kago

Kachelherd „Piano": Er nimmt die Feuchtigkeit des Bratens in den Schamottesteinen auf, gibt sie langsam wieder ab. Preis: 10 000 Euro. Sommerhuber

Der Kachelofen ist gestaltet mit der Keramikserie „Eichstätter Stubenkachel" in den Glasuren Seide und Samt. Preis: 10 000 Euro. Glöckel & Rukwid

Dieser Heizkamin funktioniert wie ein Kachelofen mit Strahlungswärme. Sogar große Räume lassen sich damit beheizen. Der Preis liegt bei ungefähr 15 000 Euro. Ziegler

# Wärme aus dem Naturstein

**Die Bauherrren wünschten sich einen Kachelofen, der das Herz des Hauses werden sollte, sozusagen das Lagerfeuer, ohne das herkömmliche Kachelofenimage. So entwarfen die Architekten einen Ofen aus Naturstein, der eher einer Skulptur als einem Ofen gleicht. Beheizt wird er mit dem traditionellen Rohstoff Holz.**

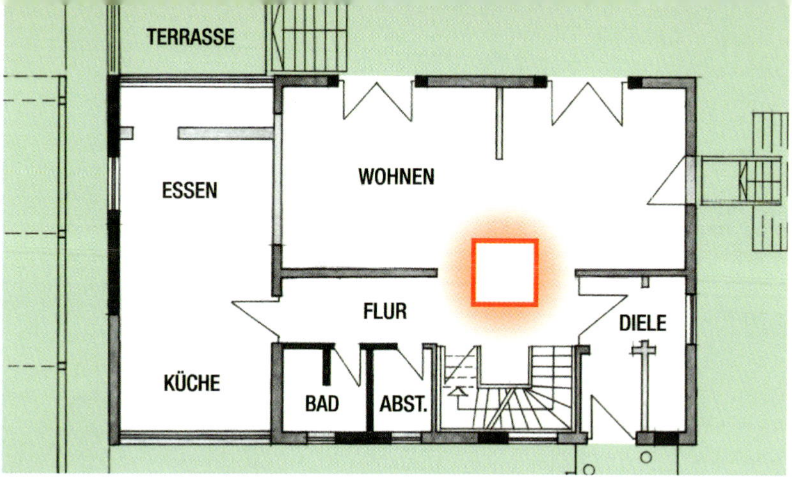


Wärmender Mittelpunkt dieses Hauses ist einwandfrei der Ofen, ein Entwurf der Architekten Neugebauer und Rösch. Auf das Material kam man nach langen Diskussionen mit den Bauherren, die alles andere als einen traditionellen Kachelofen wollten. Schließlich besuchte man gemeinsam einen Naturstein-Showroom und hier wurde man fündig. Die Heizart war sehr schnell entschieden. Es wurde ein Holzbrandeinsatz gewählt, der die vorhandene Gas-Zentralheizung entlastet. Summa summarum beliefen sich die Gesamtkosten des Ofens auf rund 6000 Euro.

Der Ofen wurde so platziert, dass er als Raumtrenner zwischen Wohnraum und Diele fungiert. Die im Treppenauge nach oben geführten Edelstahlzüge sehen nicht nur exotisch aus, sondern wärmen auch die oberen Geschosse.

Die nach Süden und Westen gelegenen Fronten sind mit großen Glasflächen ausgestattet. Konträr dazu geizt die Nordfassade mit Öffnungen. Die nahezu geschlossene Wand mit den dahinter gelegenen Funktionsräumen Bad und Treppenhaus dient als Klimapuffer. Sie schirmt die Wohnräume ab, fungiert synchron als wichtige Speichermasse.

Alles in allem ein Haus, in dem energetische Gesichtspunkte bei der Planung in jeder Hinsicht mit einbezogen wurden.

**Jedes Bauteil dieses Gebäudes ist formal sehr reduziert, so auch der Ofen, der allein schon durch sein Material und seine schlichte Form gut zur Geltung kommt. Ein Monolith als Fixpunkt des Hauses.**

**Robert Rösch,**
**Architekt**

**Die offen im Treppenauge geführten Edelstahlzüge wärmen auch die oberen Geschosse. Befeuert wird von der Diele aus.**

**Viele Diskussionen gab es um das Material für den Ofen. Nach einem Besuch im Naturstein-Showroom war es entschieden: Zur außergewöhnlichen Form auch ein außergewöhnliches Material.**

# Modernes Heizkonzept

**Es gibt heute Häuser, die fast ohne Heizenergie auskommen. Es handelt sich um Gebäude, in denen eine hohe Behaglichkeit im Winter ohne separate Heizung und im Sommer ohne Klimaanlage erreicht wird, also ohne aktive Systeme. Wir stellen ein Passivhaus vor, das diesen Anforderungen gerecht wird.**

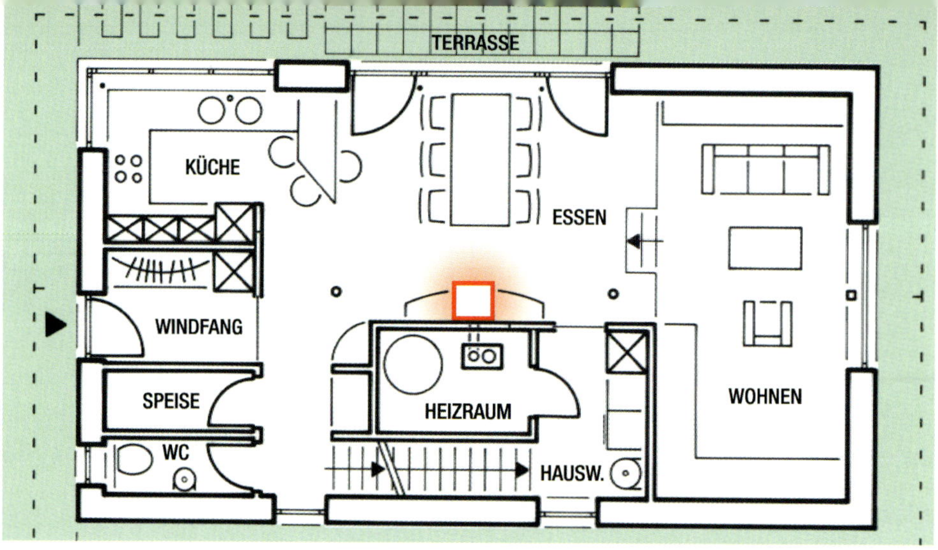


**Das Passivhaus der Wiedmanns (Architekt M. Wamsler) wartet auch heiztechnisch mit einer Spezialität auf. Quasi mitten im Wohnbereich ist der Heizraum untergebracht. Im Wohnraum davor steht die Wärmequelle, der Pelletofen, nur getrennt durch eine Leichtbauwand.**

Das Passivhaus der Familie Wiedmann ist ein konsequent weiter entwickeltes Niedrigenergiehaus. Sein Heizenergieverbrauch liegt unter 15 kWh/m² und Jahr (entspricht etwa 1,5 Liter Heizöl).

Bauliche Voraussetzungen für ein Passivhaus sind ein guter Wärmeschutz, ein kompakter Baukörper, passive Solarenergienutzung (Südorientierung und Verschattungsfreiheit), Superverglasung, Luftdichtigkeit, passive Vorwärmung der Frischluft, Wärmerückgewinnung aus der Abluft und Brauchwassererwärmung solar oder aber per Wärmepumpe.

Das hier vorgestellte Haus kann als wegweisend betrachtet werden. Im Mittelpunkt der heiztechnischen Anlage steht ein so genannter Primärofen, Modell Top-Line von Wodtke. Das ganze Heizungssystem hat zwei Hauptkomponenten, den automatischen Primärofen für den Brennstoff Holzpellets sowie eine Solaranlage (9 m²) zur Brauchwassererwärmung. Fachlich ausgedrückt handelt es sich um eine Primärofen-Technik mit Warmwasserschnittstelle. Mit dem Ofen lässt sich der geringe Heizwärmebedarf für das ganze Haus abdecken.

Er springt dann an, wenn die Sonne nicht scheint und die Außentemperatur weit unter dem Gefrierpunkt liegt. Zudem kann zusätzlich das Brauchwasser zum Duschen, Spülen etc. erwärmt werden (Wasser-Wärmetauscher). Im Sommer oder in der Übergangszeit übernimmt die Solaranlage die Warmwasserbereitung.

Auf Grund des fehlenden Kellers wurde der Heiztechnikraum im Erdgeschoss eingebunden. Dadurch können auch Wirkungsgradverluste vermieden werden. Dort steht ein Kombispeicher (900 Liter) mit integriertem Boiler.

Zum einfachen Anschluss des Primärofens wurde eine fertig verdrahtete Station installiert.

## Der Ofen wurde in die Wand geschoben

Der Primärofen wurde im Wohnbereich direkt vor der Wand zum Heizraum platziert. Die Hausbesitzer wollten möglichst viel Platz sparen, deshalb haben sie die Trennwand in Leichtbauweise so ausgespart, dass der Ofen etwas hineingeschoben werden konnte.
Er steht jetzt quasi ohne Wandzwischenraum, was auch für die Bodenreinigung vorteilhaft ist.

Über Konvektion und Wärmestrahlung wird der offen gestaltete Wohn-/Essbereich direkt erwärmt. Außerdem erfolgt eine Verteilung der Wärme ins Obergeschoss, und zwar mit

Hilfe einer kontrollierten Be- und Entlüftungsanlage mit Wärmerückgewinnung.

Mit der wasserseitigen Leistung von bis zu 6 kW wird der Duo-Speicher aufgeladen. Über diesen wird der einzige Heizkörper im ganzen Haus, im Bad, erwärmt. Die Nacherwärmung der restlichen Räume erfolgt über eine Erwärmung der Zuluft mittels eines Wasser-Luft-Heizregisters.

Die Verbrennungszuluft für den Primärofen erfolgt raumluftunabhängig. Dazu wird am Zuluftrohr des Ofens ein Adapter angeschraubt, von dem aus ein Schlauch die Verbindung mit dem Lüftungsschacht herstellt.

Der Primärofen hat auf Grund des Brennstoffes Pellets und der speziellen Abbrenntechnik sehr gute Verbrennungswerte. Die Abgase mit den geringen Emissionen werden über eine Rauchgasklappe zum Schornstein abgeführt. Die Klappe schließt automatisch, wenn der Ofen nicht mehr in Betrieb ist. Das hilft ebenfalls Energieverluste zu verhindern.

**Wenn die Solaranlage über die vier Kollektoren mit 9 Quadratmeter Fläche nicht genügend Energie liefert, springt der Primärofen-Kessel an. Er versorgt dann den zentralen 900-Liter-Speicher mit Wärme.**

**Dierk Astfalk, Firma Wodtke**

**Hinten am Ofen wird der vor Ort montierte Stutzen – der Pelletschlauch angeschlossen. Er ragt etwas in den Vorratsbehälter des Ofens. Die Pellets rieseln dann von dort hinein.**

**Von den Sonnenkollektoren aus laufen die gedämmten Wasserleitungen durchs Dach und werden hinunter in den Heizraum geführt, wo sie aus einem Installationsschacht herauskommen. Die starren Kupferrohre werden mit dicken Isolierschläuchen eingepackt und der Pelletwagen macht sich auch schon auf den Weg. Der Ofen kommt in die Endposition und am Abend flackert ein lustiges Feuer, das für die notwendige Wärme sorgt.**

# Öfen im Doppelpack

**Die Besitzer dieses Hauses haben sich gleich zwei Kunstwerke ins Haus geholt. Einmal einen eisernen Gesellen der feinsten Art: einen Kaminofen, der die Form eines Schiffes hat und zum anderen einen exklusiv gestalteten Kachelgrundofen, der an sehr kalten Tagen angenehme Wärme abstrahlt. Beide werden mit Holz befeuert.**

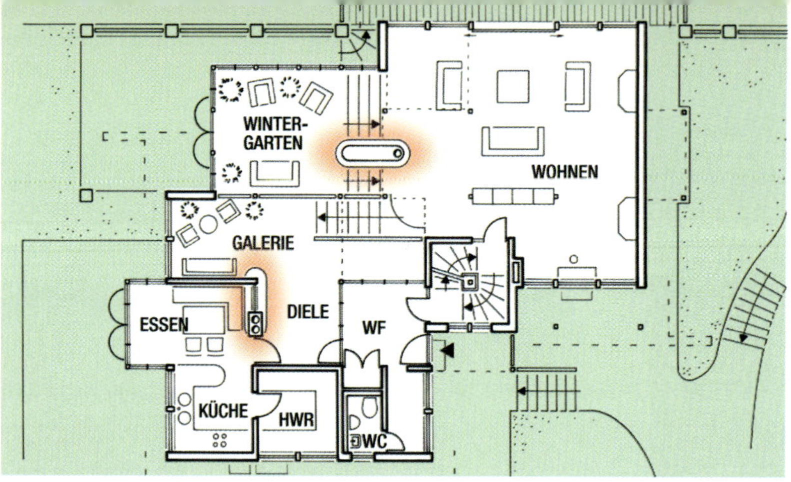


Damit man in diesem Haus angenehme Ofenwärme genießen kann, wurden hier gleich zwei Öfen eingebaut. Und das noch von zwei renommierten Künstlern der Ofenszene: Günter Matten und Hans-Werner Scholl. Zwischen Wintergarten und Wohnen brilliert der Kaminofen von Matten. Er verbindet die beiden Ebenen miteinander und teilt die breite Treppe.

Zwischen Essplatz und Diele: der Kachelgrundofen. Er schirmt den Privat- vom Eingangsbereich ab und fungiert gleichzeitig als Bindeglied und gemütlicher Treffpunkt für den privaten Eltern- und Kinderbereich.

Beide Öfen werden mit Holz befeuert. Das Brennholz wird, geschützt durch ein Vordach, vor dem Haus gelagert.

Damit Haus und Ofen optimal aufeinander abgestimmt werden können – vor allem bei solch umfangreichen Anlagen wie hier gezeigt – ist eine frühzeitige Vorplanung unabdingbar. Der schwere Kachelofen muss auch statisch berücksichtigt werden. Und wenn genügend Zeit ist, das heißt also, die Vorplanung schon im frühstmöglichen Stadium beginnt, bietet Günter Matten folgenden Service: „Wir stellen im Rohbau ein 1:1-Modell aus Pappe hin, damit Kunden überlegen können, ob das wirklich so aussehen soll oder Änderungen vorgenommen werden müssen."

**Der Kaminofen verbindet hier zwei Ebenen miteinander und teilt zugleich die breite Treppe.**

**Wie ein Schiff fährt der Ofen in den Raum hinein. Nach vorne öffnet er sich theatralisch mit halbkreisförmigen Türen und verschafft dem Feuer einen Auftritt und das ganz ohne trennende Scheiben.**

**Günter Matten, Ofen-Designer**

**Der Grundkachelofen trennt den Privat- vom Essbereich und ist gleichzeitig gemütlicher Treffpunkt.**

Fotos: Holz-Energie-Zentrum, Pro Solar

# Biomasse

**Schon vor Jahrhunderten war der gute alte Kachelofen seiner Zeit weit voraus. Denn er funktioniert mit Biomasse – und zwar auch schon damals, als noch niemand den Begriff kannte. Früher wurde eben einfach mit Holz geheizt.**

Wie schon im Kapitel über Brennstoffe angedeutet, sind mittlerweile mit Holz beheizte Kamine, Kachelöfen und Kaminöfen wieder aktuell. Denn das Vorkommen der so genannten fossilen Brennstoffe ist nun mal weltweit begrenzt.

Solarenergie ist eine mögliche Alternative. Ein weiterer alternativer Brennstoff ist die Biomasse. Dieser Begriff kennzeichnet die gesamte organische Substanz, die von Pflanzen und Tieren erzeugt wird.

Allerdings sind nicht alle Arten von Biomasse für den normalen Hausgebrauch nutzbar. So sind beispielsweise Biogas, Pflanzenöl oder auch Stroh als Heizquelle für Otto Normalverbraucher eher ungeeignet. Holz dagegen ist ein sinnvoller, praktikabler und umweltfreundlicher Brennstoff.

Gerade die Holzpellets sind zur Zeit gewaltig auf dem Vormarsch. Diese kleinen Presslinge sind die aktuellste und modernste Aufbereitungsform von Holz.

Natürliches Waldrestholz und unbehandelte Späne sind das Ausgangsmaterial für Holzpellets. Unter hohem Druck wird der Holzrohstoff zu kleinen Pellets gepresst. Das natürliche, holzeigene Lignin sorgt für die notwendige Bindung im Pressling, belastende Zusatzstoffe sind nicht erforderlich.

Grundsätzlich gibt es vier verschiedene Heizungssysteme für Pellets: Einzelöfen, Einzelöfen mit Wassertaschen, halbautomatische Zentralheizungskessel, vollautomatische Zentralheizungskessel.

Pellet-Einzelöfen gibt es frei stehend oder als Kamineinsatz. Sie werden häufig im Wohnbereich zur Einzelraumbeheizung eingesetzt. So lässt sich auch die bei der Holzverbrennung sichtbare Flamme genießen. Erhältlich sind solche Öfen bereits ab etwa 4000 Euro. Sie haben eine Leistung bis etwa 11 kW und besitzen einen vom Brennraum abgetrennten Vorratsbehälter, der in regelmäßigen Abständen von Hand befüllt werden muss. Der Behälter ist so ausgelegt, dass der Vorrat für eine Brenndauer bis zu 100 Stunden ausreicht. Er kann auch während des Heizbetriebs gefahrlos aufgefüllt werden.

Durch den Einbau einer Wassertasche und den Anschluss an ein Heizsystem können Einzelöfen auch zu Zentralheizungsanlagen erweitert werden. Da der Brennstoff-Vorratsbehälter aber relativ häufig neu aufgefüllt werden muss, eignet sich dieses Heizsystem nur für Wohnungen oder Häuser mit geringem Wärmebedarf. Zudem ist der Betrieb im Sommer wegen der Wärmeabstrahlung in den Wohnraum problematisch.

Sollen Ein- und Zweifamilienhäuser nur mit Holzpellets beheizt werden, können so genannte Pellet-Zentralheizungen im Keller installiert werden. Zur Wahl stehen halb- oder vollautomatische Heizungen, die sich nur im Arbeitsaufwand bei der Befüllung des Vorratsbehälters oder Lagerraums unterscheiden.

Vorteile der Pellets im Vergleich zu Stückholz sind ihre Rieselfähigkeit und ihre normierte Größe. So brauchen sie deutlich weniger Lagerplatz als andere Holzarten. Sie lassen beim Verbrennen nur wenig Asche zurück. Und Brennfehler, wie etwa durch nasses Holz, können nicht vorkommen. Auch aus ökologischer Sicht sind die Pellets günstig. Denn sie sind ein erneuerbarer Energieträger und meist ein heimischer Brennstoff. Wo können Sie Pellets kaufen? Kesselhersteller, Heizungsinstallateure, Biomassehöfe und Brennstoffhändler sind erste Ansprechpartner und können Bezugsquellen nennen.

Beim Kauf sollten Sie nicht nur auf den Preis, sondern auch auf die Qualität achten. Die Qualitätsanforderungen für den genormten Brennstoff sind in Deutschland und in Österreich in Normen festgelegt. Als positiv zu bewerten sind eine matt glänzende, möglichst glatte Oberfläche und ein geringer Staubanteil. Sind Holzpellets extrem dunkel oder „bunt", so kann dies auf einen hohen Rindenanteil (höherer Ascheanfall), auf Gras oder andere Zuschlagstoffe hinweisen.

Wer einen minderwertigen Brennstoff einsetzt, verliert den Garantieanspruch an den Hersteller. Daher ist es ratsam, immer eine Probe des angelieferten Brennstoffs aufzubewahren.

Die ökologischen Vorteile der Pellets gelten natürlich für alle Brennstoffe aus Holz. Denn

**Funktioniert mit Pellets: ein Primärofen, dessen Behälterfüllung für einen Dauerbetrieb bis zu neunzig Stunden ausreicht. Die Tübinger Firma Wodtke wurde vor einigen Jahren mit dem „Förderpreis für Nachwachsende Rohstoffe" ausgezeichnet.**

**Der „Inga"-Primärofen von Wamsler ist entweder als Einzelraum- oder auch als Zentralheizungsgerät erhältlich. Hier mit Seitenplatten und mit einer Abdeckplatte aus Speckstein.**

wenn ein Stück Holz brennt, setzt es Kräfte frei, die es in den 60, 80 oder 100 Jahren seines Lebens als Baum aus der Umwelt geholt und gespeichert hat: Energie aus dem Sonnenlicht, Mineralien aus dem Boden, Kohlendioxid aus der Luft. Ein neuer Baum macht neue Materie aus diesen Resten. Es ist das perfekte Recycling: Holz ist der einzige Brennstoff, der seine eigenen Abgase schluckt.

Bei der Verbrennung von Holz wird nur so viel Kohlendioxid an die Atmosphäre abgegeben, wie es zuvor in seinen Zellen gespeichert hat. Es besteht also ein ausgeglichener Kreislauf zwischen dem Wachstum des Holzes und seiner Verbrennung. Damit ist die Holzverbrennung nicht am Treibhauseffekt beteiligt, denn sie produziert kein zusätzliches Kohlendioxid und bei der Verbrennung auch nicht mehr als beim Fäulnisprozess, dem das Holz im Wald unterworfen ist.

Heizholz wird am besten zwichen Dezember und Februar geschlagen und sofort – vor dem Lagern – gespalten. Das Austrocknen des Holzes wird so wesentlich gefördert. Die einzelnen Scheite dürfen zehn bis maximal zwanzig Zentimeter Umfang haben. Geheizt werden sollte nur mit naturbelassenem, lufttrockenen Holz in Scheiten oder Stücken. Anhaftende Rinde kann mit verfeuert werden.

Holz verschiedener Baumarten hat unterschiedliche Heizwerte. Wer das Holz für den Kachelofen nach Raummetern bemessen muss, nimmt besser Laubholz. Wer nach Gewicht kauft, ist mit Nadelholz besser bedient – sofern es trocken ist.

Im frisch geschlagenen Zustand beträgt der Wassergehalt des Holzes etwa 50 Gewichtsprozent. Bevor es als Brennstoff genutzt werden kann, muss es getrocknet werden. Dazu sollte es zwei bis drei Jahre luftig und vor Regen und Feuchtigkeit geschützt gelagert werden. Am besten verstaut man es unter einem vorgezogenen Dach oder in einer luftigen Holzhütte.

Frisch geschlagenes Holz nicht im Keller unterbringen. Dort kann es nicht austrocknen, sondern stockt. Nur trockenes Holz kann in einem gut belüfteten Keller lagern. Und: Heizholz darf niemals in eine Plastikplane gepackt werden. Holz braucht Luft und Wind zum Trocknen.

Wenn Sie ganz sicher gehen wollen, dass Sie trockenes Heizholz haben: Bitten Sie Ihren Ofenbauer, das Heizholz mit dem Brennholz-Feuchtemessgerät zu untersuchen. Holz kauft man am besten bei Waldbesitzern und deren Forstleuten.

### Holzpellets

Diese Art von Biomasse ist die aktuellste Aufbereitungsform von Holz. Sie bestehen aus unbehandelten, zerkleinerten und gepressten Holzabfällen und -resten. Sie sind 10 bis 30 Millimeter lang, rund sechs Millimeter dick und sehen aus wie Trockenfutter für Meerschweinchen. Mit ihnen kann der Standard einer Ölheizung erreicht werden.

### Stückholz

Das ist die traditionelle Art der Biomasseheizung. Neben Holzherden, Kaminöfen und offenen Kaminen gibt es seit längerem auch schon Stückholzkessel für den Zentralheizungsbetrieb. Moderne Scheitholzvergaserkessel arbeiten im Gegensatz zu alten Festbrennstofföfen umweltfreundlich und mit höherem Wirkungsgrad.

### Holz-Hackschnitzel

Hackschnitzel-Heizungen haben eine Wärmeleistung von mindestens 20 bis 30 kW. Einsatz vor allem in der Landwirtschaft und in Großbetrieben. Der Preis für eine Hackschnitzelheizung mit 25 kW beginnt bei 13 000 Euro. Der Biomasse-Brennstoff braucht relativ viel Platz. Ist der vorhanden, hat man eine günstige Heizanlage.

### Biogas

Dabei handelt es sich um gasförmige Biomasse, die aus Reststoffen der Landwirtschaft (zum Beispiel Gülle), des Ernährungsgewerbes und der Landschaftspflege (zum Beispiel Gras-, Rasenschnitt) gewonnen wird. Da Biogas aber nur den Produzenten des Gases zur Verfügung steht, scheidet es als Brennstoff für den Privatgebrauch meistens aus.

Fotos: Wamsler, C.A.R.M.E.N., Toomiste, UFOP

Foto: Sommerhuber

# Öfen und Kamine mit langer Tradition

**Verschneite Winterlandschaften! Gute klare Luft bei einem ausgedehnten Spaziergang. Der Winter hat schon was! Und am Abend sitzt man gemütlich vor dem wärmenden Ofen. Genießt ein Glas Punsch, führt nette Gespräche oder liest ein gutes Buch. Auf diesen Seiten zeigen wir Öfen, die den Winterzauber erst so richtig perfekt machen.**

Die Verkleidung aus finnischem Speckstein verleiht dem Grundofen etwas Sanftmütiges. Man spürt förmlich die gesunde Strahlungswärme, die er abgibt. Preis: auf Anfrage. Kago

Handbemalter Wohnzimmerofen mit Abschlusskuppel. Dieser Ofen stammt aus der Werkstatt Angermayer, die Ofenkacheln (Preis über Ofenbauer) in Einzelanfertigung herstellen.

Tradition in bestem Sinne: So bauten schon unsere Vorfahren. Dieser Bauernofen besticht mit der grazilen Poesie handbemalter Blumenkacheln. Stegemann

Orientalische Rezepte, Reisegeschichten, vollmundiger Kaffee..., das alles fällt einem bei diesem Stilofen ein, der durch sein Weiß besticht, das Schlichtheit und Lichtkraft ausdrückt. Verband der keramischen Industrie

Der Grundofen ist wohl die älteste Form des Ofenbaus, was aber nicht heißen muss, dass diese nicht modern gestaltet werden kann, wie an dieser Ofenanlage von Creatherm zu sehen ist.

Die gespaltene Oberfläche aus Speckstein ist ein besonderer Blickfang dieses wuchtigen Ofens. Rückwärtig hat diese Feuerstelle noch einen Herd und Backofen. Preis auf Anfrage. NunnaUuni

Dieser Heizkamin ist ein zentraler Sammelplatz. Hier trifft man sich gerne, tauscht Erlebnisse aus und verweilt einfach im Kreise der Familie. Preis: ab 3500 Euro. Kago

Von jedem Ofenbauer umsetzbar: Hier fällt es leicht, sich an den warmen Ofen zu kuscheln, zu träumen und den Alltag zu verbannen. Biofire

Blau lasierte Kacheln und verputzte Flächen. Dazu eine gemütliche Sitzbank zum Erholen. Das zeichnet diesen attraktiven Ofen aus. Jasba

Schön geschwungene Kacheln umgeben diesen Grundofen, der als individueller Entwurf aus der Kachelofenwerkstatt Wieben stammt.

Gestalterische Fantasie und ausgewogene Proportionen machen diesen Kachelofen zu einem außergewöhnlichen Schmuckstück, das seine Besitzer nicht nur durch gutes Aussehen, sondern auch durch seine angenehme Strahlungswärme erfreut. Thun

Eine Sonderedition aus dem Hause Märchenofen. Ein klassischer Strahlungsofen, der sich besonders gut zum Beheizen mit langen Holzscheiten eignet.

Foto: Calimax

# Kaminofenwelt

**Erste Sonnenstrahlen und leichte Wärme bringt ein Frühlingstag. Aber gegen Abend kühlt es doch noch oft gewaltig ab. Da ist es schön, nach einem Spaziergang in der Natur im gemütlichen Zuhause einen flotten Kaminofen zu haben, der auf die Schnelle für Wärme sorgt, ohne dass extra die Heizung angeworfen werden muss. Und vielleicht gibt es dann auch Bratäpfel aus dem Backfach.**

Feuer von allen Seiten: Der „Taiko" lässt sich leicht um 360 Grad drehen, so dass Sie aus jeder gewünschten Richtung die Flammen sehen können. Die parallel angeordneten Luftschlitze setzen markante Akzente. Attika

Ein reichlich ausgefallenes Designer-Stück aus Edelstahl, Messing und Naturstein ist der „Genesis No. 10". Die ungewöhnliche Optik eignet sich für große Räume. Modelle aus dieser Serie ab 2400 Euro. Olsberg

Man nehme einen fast würfelförmigen Kasten und setze ihn auf eine Konsole aus Rundstäben – fertig ist die „Hot Box" von Wodtke, die neue Lust am Feuer.

Ein Ofen, der fast so aussieht wie ein Wesen von einem anderen Stern. Die Serie heißt „Cool" und stammt aus der Werkstatt von Metall-Designer Alfred Steidle. Gibt's farbig oder im Edelstahl-Look.

Der lässt sich überall aufstellen: Dieser Kaminofen von Nibe ist klein und zierlich und einfach anzuschließen. Passt in eine Ecke oder auch an eine Wand.

Nicht nur mit azurblauen Kachel-Elementen, sondern auch in den Farben Cotto, Caprigrün und Vanillaweiß gibt es diesen Ofen mit einer besonders hohen und selbstschließenden Tür. Oranier

Rund kommt gut: Kein Wunder, dass der Kaminofen „Piu" von Spartherm ein Erfolgsmodell ist. Jetzt gibt es ihn auch mit einer Verkleidung aus Speckstein.

Er ist einfach ein Klassiker: Der gute alte „Bullerjan" hat im Prinzip eine Form wie ein Fass. Aber gerade seine Rundlichkeit macht ihn so richtig schön heimelig und gemütlich. Energetec

Der schmale, elegante Kaminofen mit großer Sichtglas-Tür fügt sich unaufdringlich ins Ambiente ein. Und dahinter verbirgt sich eine ausgefeilte und durchdachte Heiztechnik. Buderus

Einfach, aber edel: Eine Ofenskulptur der ganz besonderen Art hat der Schweizer Daniel Rutz geschaffen. Mit Materialien wie Stahl und Stein macht er aus seinen Feuerstätten Kunstwerke.

Kaminofen mit Flügeltüren: Den „Odeon" können Sie beliebig variieren. In den geöffneten Edelstahltüren spiegelt sich das Feuer, geschlossen sieht der Ofen aus wie ein Möbelstück. Hase

Kaminöfen zeigen Mut zur Farbe und sie können auch mal so richtig knallbunt sein. Dieses Stück von Austroflamm gibt es nicht nur in leuchtendem Rot, sondern auch in Gelb oder Silber.

Mit Ecken und Kanten: Der „Monza" von Max Blank hat einen geradlinigen Charakter. Das besondere Etwas erhält dieses Modell vor allem durch das quadratische Lochmuster an den Seiten.

Foto: Jasba

# Ursprünglich: Kaminfeuer

**Der offene Kamin hat aus Umweltgründen weitgehend ausgedient. Gestalterisch sind dem Spiel mit dem Feuer trotzdem kaum Grenzen gesetzt. Denn ein Kamin mit einem modernen Heizeinsatz bietet ungehinderte Sicht auf die flackernden Flammen, die Scheibe wird nicht als störend wahrgenommen. Dem Genuss von Wärme und Romantik steht so nichts im Wege.**

Den Ausdruck gehobener Wohnkultur zeigt der Stilkamin „Astra", der aus ausgesuchtem Marmor gefertigt wurde. Mit runden Säulen, integrierten Leuchten und halbrunder Feuerplatte. Stegemann

Das ist Feuer pur: Keine störende Verkleidung steht im Weg und viel Glas gibt den Blick ungestört frei auf das Spiel der Flammen. Ein futuristischer und ungewöhnlicher Kamin von Tonfeuer.

Eine ungewöhnliche Form für einen Speckstein-Ofen hat „Zefiro" von Tulikivi: sanft geschwungen, mit sägerauer Oberfläche. Dazu der Ofenstein mit seinen besonderen Speichereigenschaften.

Eine Feuerstelle, bei der nicht nur die Optik, sondern auch die Technik vom Feinsten ist: Der „Urfeuer"-Kamin, eine solide und langlebige Konstruktion, sorgt für sicheren Betrieb. Brunner

Von der Spannung zwischen Stahl und Keramik lebt dieses Modell. Die beiden Wandscheiben bestehen aus gebürstetem Edelstahl. Mit Edelstahlsockel. Cera

Wohlige und natürlich-gesunde Wärme strahlt der Biofire Speicherkamin aus. Denn er ist Stein für Stein aus keramischem Material gebaut, hält länger warm und schafft ein gesundes Raumklima.

Vorliebe für das Außergewöhnliche: Dominiert wird dieser Kamin von Rüegg von der leicht gebogenen Metallfront, in der sich Lichtreflexe und der warme Schein des Feuers widerspiegeln.

Reizvoller Riss: Die reliefartige Struktur im weißen Putz gibt dem Kamin das besondere Etwas. Der Sockel und die beiden Säulen wurden aus Granit gefertigt. Cera

Mit gekonnter Schlichtheit und dezenter Eleganz überzeugt der Entwurf von Scholl Keramik. Der Kamin mit einladender Ofenbank wird automatisch zum Mittelpunkt des Wohnbereichs.

Mehr als einfach nur ein Kamin: Mit diesem Modell holen Sie sich ein Gesamtkunstwerk ins Haus, das große Räume braucht, um seine Wirkung voll zu entfalten. Bachmann

Mit buntem „Gewuschel" oben drauf: Aus handgefertigter Keramik besteht der Kachelgrundofen, der behagliche Strahlungswärme in den Raum abgibt. Gudrun Quincke

Opulent und prunkvoll wie aus 1001 Nacht wirkt diese Ofenlandschaft von Ehrenstein. Mit gerundeten Formen und gekonnt abgestimmter Farbkombination.

Weltweit erfolgreich ist das Ofenmodell „4600" von Morsø. In Amerika hat der Wärmespender sogar einen der begehrtesten Design-Preise gewonnen. Bereits ab etwa 1650 Euro zu bekommen.

Auch rund um den Kamin ist auf Qualität zu achten. Zu dieser Specksteinausführung passt die Kamingarnitur „Rondo" in mattem Edelstahl. Preis auf Anfrage. Schössmetall

Die große Kachelwand sorgt für milde Strahlungswärme. Der Preis für die komplette Anlage liegt bei rund 14 000 Euro. Der Heizeinsatz kommt von Brunner, umgesetzt wurde die Anlage von Hennrichs.

Ein echter Strahlungsofen von Sancal zeigt sich immer als geschlossener Körper. Mehr als eine Backröhre oder ein Warmhaltefach gibt es einfach nicht. Preis: auf Anfrage.

Ohne Zweifel ein Kunstwerk: Der „Arte G" hat seinen Namen verdient. Wer sich dieses Objekt von Spartherm anschaffen möchte, muss mit um die 7000 Euro rechnen.

Für den besonderen Geschmack: Diese von Axel Schmitz als Saunarelaxliege für zwei Personen konzipierte Anlage hat einige Design-Auszeichnungen erhalten.
Preis: 22 500 Euro.

Außergewöhnliche Anmutung: Der bunte Kachelherd „A136" von Gast. Preislich liegt die hier gezeigte Variante bei etwa 8500 Euro.

Der Speckstein-Spezialist NunnaUuni bietet die Feuerstätte mit dem Namen „Marianna 1" bereits für 8100 Euro an.

Ein Grill, der durch seine Form Wind und Wetter trotzt. Bachmann

Durch seinen feuerfesten Backraum ist der „Euro-Gartengrillkamin" von Kago auch für offenes Feuer geeignet.

# Kamin im Garten

Mit dem „Plein-air" von Four Grand Mere macht Kochen und Grillen im Freien richtig Spaß.

**Lange, warme Sommerabende machen Lust auf Gartenpartys, wo es zum kühlen Bier und trockenen Weißwein herzhaft Gegrilltes gibt. Bei solchen Gelegenheiten zeigen Gartenkamine ihr Können. Freilich nicht die alten Blechteile, die auf drei wackligen Beinen stehen und Grill heißen, sondern hochwertige und optisch ansprechende Ausführungen.**

## Kochen im Holzbackofen

**Kochen bei offenem Feuer:** Saftige und dennoch knusprige Pizzen in weniger als drei Minuten neben der Flamme gebacken.

Erstklassige Rinderkeule im Ofen neben (aber niemals auf der Glut) gebraten.

Wunderbar und leicht verdaulich: in Alu gewickelte Speisen.

Rasches Braten von Spießchen, ohne Umdrehen, aber bitte immer neben der Glut.

**Schmoren von Speisen bei geschlossenem Ofen:** Hausgemachtes Brot, direkt auf dem Stein gebacken, ein absoluter Genuss für den verwöhnten Gaumen.

Unvergleichlich gute und richtig lecker schmeckende Eintöpfe.

Wie alle leckeren Backwaren liebt der Napfkuchen ganz besonders die gleichmäßig verteilte Hitze.

**Gipfel der Kochkunst bei geschlossenem Ofen:** Mit Käse überbackenes Gemüse oder gegartes Huhn im Steinguttopf, das ist ein richtiges Highlight für die Freunde von kulinarischen Genüssen.

Damit aus dem Fest ein richtiges Fest wird, darf es ruhig ein standhafter und dazu ansprechender Gartenkamin oder auch Grilltisch sein. Zumal diese Modelle heutzutage mit attraktivem Äußeren auftreten. Der schamottierte Feuerraum ist mit vielfältigen „Schalen" in verschiedenen Formen umgeben, sei es aus Naturbruchstein, sei es aus Strukturbeton oder anderen Materialien. Gewährleistet wird aber nicht nur gute Optik, die Gartenkamine sind darüber hinaus auch noch hitze- und witterungsbeständig.

Geschürt werden die Flammen mit Holz oder Holzkohle. Der Brennstoff wird entweder direkt aufgelegt oder aber in speziellen Körben in den Feuerraum eingeschoben.

Die Hersteller warten mit allerlei Variationen auf – nicht nur in der Form, sondern auch in der Funktion. So ist denkbar, den Grill als Tisch zu gestalten oder mit der Grillstelle gleich noch einen Backofen zu kombinieren. Dann hat man alle Möglichkeiten, seine Gäste mit den edelsten Leckereien zu bezaubern. Um das Ambiente im Garten zu heben, gibt es inzwischen einiges an Lösungen, die den Garten in ein abendliches Paradies verwandeln. Zum Beispiel die Feuerfackeln, die man überall beziehen kann und einfach in die Erde steckt. Aber auch edle Dinge wie Feuerschalen, Feuerskulpturen und vieles mehr findet sich in Kaminstudios und Einkaufszentren für den ambitionierten Gartenfreund.

Im Schein der untergehenden Sonne erwacht diese Skulptur zum Leben. Bachmann

**Dieser Gartengrill eignet sich nicht nur zum Grillen, auch einem Kaminfeuer hält dieses Modell dauerhaft stand. Wahlweise in 15 verschiedenen Klinkertönen. ZB Ziegelwerke**

**Feuerskulptur „Manitu" aus dem Hause Wodtke. In Formgebung und Materialwahl ist die Reduzierung auf das Wesentliche konsequent eingehalten.**

Foto: IPK

# Kachelherde

**Zwar fristeten Kachelherde lange Zeit ein mehr als kümmerliches Dasein, aber der Zeitgeist der neuen Wohnlichkeit, der das Geborgenheit vermittelnde Zuhause zum wertvollsten Gut erhebt, erweckt heute Großmutters Wohnküche zu neuem Leben. Mit allem, was dazu gehört: behagliche Wärme, bequeme Sitzmöglichkeiten und das, was man mit „Ambiente" zusammenfassen könnte. Da ist es kein Wunder, dass in diesem Umfeld auch Kachelherde ein Comeback erleben.**

Noch vor ein paar Jahren spielte die Küche bei der Grundrissplanung eher eine untergeordnete Rolle. Die planerische Restfläche wurde so angeordnet, dass ein kleiner Raum mit Fenster und technisch sinnvoller Nähe zur Abwasserführung entstand – die Küche als Funktionsraum. Heute ist nicht nur Arbeiten, sondern auch Wohnen in der Küche angesagt. Bei entsprechender Gestaltung wird sie immer mehr zum Mittelpunkt des Familienlebens. Zunehmender Beliebtheit erfreuen sich deshalb Kachelherde. Denn was ist behaglicher, als ein knisterndes Feuer im Ofen? Dazu der Duft von frisch gebackenem Brot oder eines leckeren Bratens.

Ein gelungenes Beispiel für die Kombination von moderner Technik mit einer Optik aus der „guten alten Zeit": ein wunderschöner Sesselofen, in bewusst traditionell gehaltenem Stil. Daneben die Sitzbank, die zum gemütlichen Verweilen einlädt. Ziegler

Wer sich beim Kachelofenbauer informiert, wird fasziniert sein von der Vielfalt der Gestaltungsmöglichkeiten. Kachelherd als Aufsatzherd, als Tischherd oder als Einbauherd, der sich vollkommen in die Küchenplanung integrieren lässt. In freien Formen. Mit Kacheln der unterschiedlichsten Stilrichtungen und Farbgebung. Mit allen technischen Raffinessen. Wer möchte, kann in den Kachelkörper zusätzlich einen Hightech-Elektrobackofen und Ceran-Kochfelder einbauen. Meist handelt es sich um Unikate, die vor Ort aufgebaut werden.

Der Kachelherd, im Alpenraum auch als „Sesselherd" bezeichnet, ist eine Variante des Kachelofens und wie dieser aus der Überbauung des offenen Herdfeuers entstanden. Über Jahrhunderte hinweg war er in Mitteleuropa das Herz einer jeden Wohnküche. Die angenehme Strahlungswärme, die von einem Kachelofen ausgeht ist bekannt: Die Kacheln, die aus speziellen Tonmassen mit hohem Schamotteanteil bei über 1100 Grad Celsius gebrannt werden, verfügen über ein exzellentes Wärmespeichervermögen. Je massiger und schwerer die Kacheln, umso länger strahlen sie ihre Wärme gleichmäßig an den Raum ab. Hinzu kommt die besondere Wärmespeicherfähigkeit des Ofens selbst: In der Funktionsweise entspricht der Kachelherd einem Grundofen und ist wie dieser mit einem aus Schamottesteinen gemauerten Feuerraum ausgestattet. Beim Kachelherd befindet sich der Feuerraum unmittelbar unter der Herdplatte. Feuerraum und Heizgaszüge aus Schamotte („Keramikzüge") bilden eine Einheit, die ebenfalls Wärme speichert und an den Raum abgibt.

Geschürt wird überwiegend mit Holz. Durch spezielle Düsenanordnungen ermöglicht die moderne Brenntechnik heute, dass Holz fast rückstandsfrei verbrennt, so dass weniger Schadstoffe emittiert werden und weniger Asche zurückbleibt. Auf diese Weise wird nicht nur der Wirkungsgrad der Anlage erhöht, sondern auch der Brennstoff bestmöglich genutzt. Die gewünschte Temperatur der Backröhre, die über ein eingebautes Thermometer abgelesen werden kann, wird durch mehrmaliges Nachlegen von Brennmaterial erreicht. Vom Feuerraum werden die heißen Rauchgase wahlweise über die keramischen Züge über die Koch-, Brat- und Backeinheit geführt oder in einen angeschlossenen Kachelofen, der einen anderen Raum beheizen kann. Das Wasserschiff – ein in den Herd integrierter Behälter mit Deckel, in der Regel aus Kupfer – stellt außerdem jederzeit heißes Wasser bereit.

## Kachelherde richtig planen

Die große Vielfalt der Ausführungs- und Nutzungsmöglichkeiten macht deutlich, dass man einen Kachelherd nicht ohne die Beratung und Planung des Kachelofenbauers ausführen kann. Zunächst muss die Anlage entsprechend dem Koch- und Heizbedarf richtig dimensioniert werden. So ist beispielsweise die Größe der Kochplatte ein wichtiges Kriterium. Für bis zu sechs Personen wählt man eine Kochplattengröße von 55 x 50 Zentimeter, für bis zu 10 Personen 65 x 50 Zentimeter. Zur Ermittlung der Rostgröße wird die Kochplattenfläche durch 12 geteilt. So erhält man die Fläche des Rostes in Kubikzentimeter. Ein hoher Feuerraum ist bei Herden nicht erforderlich, die Feuerraumhöhe ab Oberkante Rost sollte 16 bis 20 Zentimeter betragen. So wird die Kochplatte gleichmäßig erwärmt. Der liegende Zug unter der Kochplatte muss einschließlich Ascheablagerung 8 Zentimeter hoch sein. Dann gilt zu überlegen, inwieweit der Herd die Heizanlage des Hauses unterstützen soll und wie er sinnvoll mit einem Kachelofen kombiniert werden kann. Soll der Kachelofen durch die Wand geführt werden, um auch das Nachbarzimmer zu beheizen? Kachelherde können für eine Leistung von bis zu 15 kW ausgelegt werden.

Eine ästhetisch ansprechende Übereck-Lösung. Wie zu Omas Zeiten präsentiert sich das Modell „Oberstdorf" und wird schnell zum Blickfang in jeder Küche. Harbeck

Darüber hinaus hat man auch die Möglichkeit, einen Brauchwasserboiler einzubauen. Oder: Ein Warmwasser-Wärmetauscher kombiniert mit einer Umwälzpumpe versorgt die Zentralheizung mit aufgeheiztem Warmwasser, das dann in den Heizkörpern zirkuliert. Solche Systeme können auch als Zweitkessel in den Kreislauf einer bestehenden Zentralheizung einbezogen werden.

Die technischen Bedingungen für den Bau eines Kachelherdes müssen mit dem zuständigen Schornsteinfegermeister geklärt werden.

Der Schornstein muss auf die Heizleistung der Feuerstätte abgestimmt sein. Von Anfang an eingeplant bietet sich ein zweizügiger Schornstein als die wohl preiswerteste Lösung an. Der andere Zug kann für die Öl- beziehungsweise Gasheizung genutzt werden. Der Schornsteindruck sollte 10–12 Pa betragen. Die Anforderungen hinsichtlich des Brandschutzes sind den Landesbauordnungen der jeweiligen Bundesländer zu entnehmen.

**Die Kombination von farbigen Kacheln mit hochwertigem Edelstahl sorgt für besonders hohe Langlebigkeit. Harbeck**

**Der Holzbrandherd und -backofen besticht durch sein filigranes Äußeres, verziert mit elfenbeinfarbenen Kacheln. Wekos**

## Wärme optimal nutzen

Ein zusätzlicher Abgasanschluss direkt aus dem Feuerraum ermöglicht die Beheizung eines Nachheizelementes, zum Beispiel eines Kachelofens im Nebenraum. Durch ein Klappensystem werden die Abgase wahlweise über den Herd oder den Kachelofen in einen gemeinsamen Kamin geleitet (siehe Schema).

| Herdbetrieb | Kachelofenbetrieb |
|---|---|
| Klappe A geschlossen | Klappe A offen |
| Klappe B offen | Klappe B geschlossen |

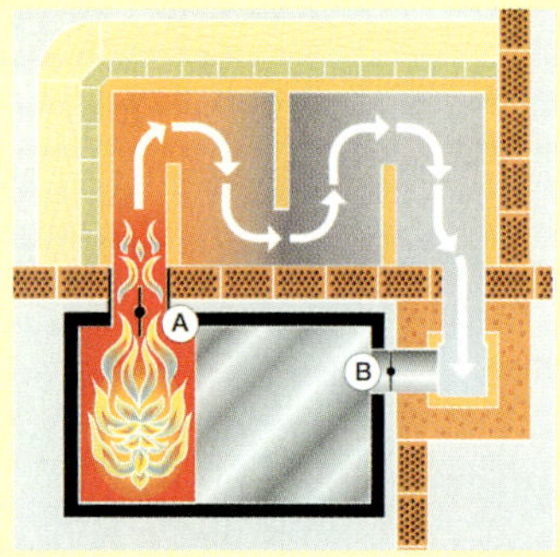


Foto: Wamsler

## Technik Kachelherd

Als Variante des Kachel-Grundofens ist der Kachelherd die ideale Zusatzheizung für einen oder mehrere Räume und dient darüber hinaus als vollwertiger Koch-, Brat- und Backherd. Wie beim Grundofen ist auch beim Kachelherd der Feuerraum das Herz der Anlage. Die bei der Verbrennung von Holz frei werdenden Rauchgase werden über die keramischen Züge aus Schamotte geleitet und geben dabei ihre Energie an diese Speichermasse ab. Über die Kachelflächen wird die Wärme zeitversetzt als angenehme Strahlungswärme an den zu beheizenden Raum abgegeben. Beim Backen und Kochen werden die Rauchgase mittels Umschaltklappe um das Backrohr und die Herdplatte geführt. Durch diese gezielte Rauchgasführung ist auch Sommer- und Winterbetrieb möglich: In Sommerstellung durchströmen die Rauchgase das offene Herdrauchrohr, in Winterstellung steht die Sperrklappe quer zum Rohr, so dass die Heizgase die Züge des Anschlussofens durchziehen. Die vom Kachelherd bereitgestellte Energie wird mehrfach genutzt: Über die keramischen Züge als Strahlungswärme, über das Backrohr und die Herdplatte zum Backen und Kochen sowie über das Wasserschiff für die Warmwasserbereitung. Bei einer Hinterlüftung der Ofenwände ist es somit möglich, die Raumluft mit zu erwärmen.

**Optisch und technisch ein Genuss: Der Holzbrandherd von Gast.**

# Lexikon der Fachbegriffe

**Sie interessieren sich für einen Ofen, gehen zu Ihrem Kachelofenbauer und plötzlich passiert es: Der Mann spricht chinesisch oder was auch immer. Sie verstehen auf jeden Fall kein Wort. Oder wissen Sie aus dem FF was Absperrvorrichtung, BimSchV und spezifische Wärmeleistung bedeutet? Kein Grund sich die Haare zu raufen. Denn unser Ofen-ABC hilft Ihnen mit Sicherheit weiter.**

**Benjamin Franklin, amerikanischer Staatsmann und Erfinder, entwarf vor mehr als 250 Jahren den ersten Kaminofen.**

Abbrand: Abnahme der Brennstoffmasse während der Verbrennung.

Abbrandzeit, Zeitbrand/ Dauerbrand: Eigenschaft einer Feuerstätte, eine bestimmte Mindestdauer ohne zwischenzeitliche Brennstoffaufgabe und ohne Eingriff in den Verbrennungsablauf so weiter zu brennen, dass am Schluss mindestens Grundglut vorhanden ist.

Abgas: Das den Abgasstutzen der Feuerstätte verlassende Verbrennungsgas.

Abgasstutzen: Eine Einrichtung am Ende des Heizgasweges der Feuerstätte zum Anschluss eines Verbindungsstückes.

Abgastemperatur: Die Temperatur des Abgases am Abgasstutzen der Feuerstätte.

Absperrvorrichtung: Eine Vorrichtung zum Verschließen des Abgasweges.

Aschekasten: Der Aschekasten sammelt die durch den Rost fallende Asche und gestattet auf Grund einer einseitigen 30-Grad-Schräge ein sauberes Entleeren. Damit er die gesamte Asche auffangen kann, muss er entweder nach allen Seiten größer sein als der Rost oder unterhalb des Rostes müssen Ascheleitbleche liegen. Der Aschekasten wird üblicherweise aus Stahlblech hergestellt.

Ascheraum: Unter dem Feuerraum mit Rost ist der Ascheraum, meist mit besonderer Tür und regulierbarer Verbrennungsluft, eingerichtet. Er dient der Aufnahme des Aschekastens. Wichtig ist, dass die Ascheraumtür dicht mit dem Türgeschränk abschließt. Ist dies nicht der Fall, kommt es durch diese Undichtigkeit zu einer nicht kontrollierten Verbrennungsluftzufuhr. Diese kann eine derart hohe Wärmeleistung – Überlastung – der Feuerstätte hervorrufen, dass es zu Schäden an

**Ein offener Kamin mit nach oben zu schiebender Scheibentür und einer besonders großen Feueröffnung. Keramik mit Intarsien, gewachst und Edelstahlergänzungen. Gudrun Quincke**

Feuerstätte und Schornstein kommt. In der Praxis wird die Ascheraumtür während des Anheizens der Feuerstätte oft offen gehalten. Um schwerwiegende Schäden zu vermeiden, muss der Betreiber einer Feuerstätte nach dem oben Gesagten unbedingt darauf achten, dass er die Ascheraumtür schnell wieder verschließt.

**Brennholz:** Für eine saubere Verbrennung gilt, dass die im Holz enthaltene Restfeuchte 20 Prozent nicht überschreiten darf. Kauft man feuchtes Holz sinkt der Heizwert beträchtlich. Daher muss Holz nach dem Schlagen, vor Regen geschützt, zwei Jahre lagern.

**Emission:** Bei der Verbrennung von festen Brennstoffen, Öl und Gas entstehen Produkte, teils neutraler, teils umweltbelastender Art, die über den Schornstein abgeführt werden. Viele Schadstoffe entstehen auch durch falsche Feuerstättenauslegung, unpassende Brennstoffe sowie Fehlbedienung.

**Feuerraum:** Der durch Feuerraumboden, gegebenenfalls Feuerraumwände und Abgassammler beziehungsweise Decke sowie Feuerraumöffnung gebildete Raum. Der Feuerraum kann an der Feuerraumöffnung durch Türen, Jalousien und dergleichen Bauteile verschließbar sein.

**Feuerraumöffnung (Füllöffnung):** Eine Öffnung im Feuerraum, durch die der Brennstoff aufgelegt wird und bei offenen Kaminen Wärme in den Aufstellungsraum strahlt.

**Feuerstätten (Regelfeuerstätten):** Feuerstätten für feste, flüssige und gasförmige Brennstoffe gemäß 1. BimSchV (Bundesimmissionsschutzverordnung). Die Feuerstätten enthalten alle für die sichere und gebrauchstaugliche Funktion notwendigen Bauteile und Komponenten.

**Gewichtsangaben:** Bei Holz nicht immer ein zuverlässiges Maß, weil immer Wasser mitbezahlt werden muss, das im Holz enthalten ist: bei jungem Holz immerhin rund die Hälfte und bei trockenem Holz acht bis zehn Prozent. Darum kauft man Holz vorteilhafter nach Volumen, entweder als Festmeter, Raummeter, Ster oder Klafter.

**Grundglut:** Die Masse glühenden, entgasten Brennstoffes, die nach dem Abschüren der Asche mindestens vorhanden sein muss, um das Zünden des Brennstoffes sicherzustellen.

**Grundofen:** Dieser Wärmespeicherofen besteht aus Feuerraum, Feuergeschränk, Heizgaszügen, Verkleidung aus Ofenkacheln, Kachelsteinen, anderen mineralischen wärmespeichernden Baustoffen, zugehörigen Dämmschichten, gegebenenfalls Vormauerung. Die Wärmeabgabe erfolgt über die äußere Oberfläche.

**Heizeinsatz:** Bauteil aus Grauguss oder Stahlblech mit einem Brennraum für feste, flüssige oder gasförmige Brennstoffe zum Einbau in Kachelöfen oder Kaminen, fungiert gleichzeitig als Wärmetauscher für den Wärmeträger Luft.

**Heizgas:** Innerhalb der Feuerstätte strömendes Verbrennungsgas.

**Heizgaszug:** Kanal für Heizgase. Heizgaszüge sind Bestandteil der Feuerstätte und dienen zur Nutzung des Wärmeinhaltes des Heizgases.

**Kachelherde:** Tischherde haben die Form eines normalen Herdes. Aufsatzherde haben, wie der Name schon sagt, einen seitlichen Aufsatz. Auf Kachelherden kann man kochen und (im Wasserschiff) Warmwasser bereiten. Mit der Abwärme des Kachelherdes können ein Kachelofen oder eine Kachelsitzbank im Nachbarraum erwärmt werden, indem die heißen Rauchgase durch liegende Züge weitergeleitet werden.

**Kachelofen:** Der Kachelofen ist eine Feuerstätte, deren äußere sichtbare Verkleidung zu mehr als 50 Prozent aus keramischen Ofenkacheln/Kachelsteinen besteht, ausgenommen dem gegebenenfalls vorhandenen Sockel. Er kann je nach Bauart mit verschiedenen Energie- oder Wärmeträgern betrieben werden. Zusatzfunktionen, zum Beispiel Erwärmung von Brauch- und Heizwasser, Warmhaltefach für Speisen sind möglich.

**Kachelstein:** Aus bei zirka 1000 Grad Celsius gebranntem keramischen Material als Quadrat- oder Rechteckstein hergestellt. Die Ansichtsflächen selbst können eben oder profiliert und mit Glasur versehen sein. Die Kanten der Ansichtsflächen werden glasiert oder unglasiert angeboten.

**Kamineinsatz:** Bauteil des offenen Kamins, das den Feuerraum, den Abgassammler und – sofern überhaupt vorgesehen – Heizgasumlenkungen/Heizgaszüge sowie den Abgasstutzen enthält. Kamineinsätze können aus mehreren Teilen bestehen, die am Einbauort zusammengesetzt werden. Kamineinsätze für offene Kamine, die auch mit verschlossenem beziehungsweise ausschließlich geschlossenem Feuerraum betrieben werden können, enthalten außerdem die Bauteile zum Verschließen des Feuerraumes und die Einrichtungen für die Zufuhr der Verbrennungsluft.

**Kaminkassette:** Bauteil zum Nachrüsten im bestehenden offenen Kamin, das mindestens den Feuerraum, gegebenenfalls mit Heizgasumlenkung/Heizgaszügen, die Feuerraumtür und den Abgasstutzen enthält. Sie hat außerdem zwischen dem Feuerraum beziehungsweise Aschefallraum und dem Kassettenmantel Konvektionsluftleitungen.

**Nennwärmeleistung des Grundofens:** Die aus Heizfläche (warme Oberfläche) und spezifischer Wärmeleistung errechnete Wärmeleistung in Kilowatt.

**Offener Kamin:** Feuerstätte, die bestimmungsgemäß offen oder geschlossen betrieben werden kann. Er besteht in der Regel aus Feuerraum, Abgassammler, Konvektionsraum, Verbindungsstück, zugehörigen Dämm schichten, gegebenenfalls einer Vormauerung und der äußeren Verkleidung aus Baustoffen gemäß DIN 18895. Die Feuerung wird handwerklich errichtet oder besteht aus einem/einer Kamineinsatz/Kaminkassette.

**Ofenkachel:** Ein bei 1000 Grad Celsius gebranntes, poröses, mechanisch festes und wärmebeständiges Erzeugnis aus mit Schamotte gemischtem Ton für Kachelöfen. Die Kachel ist in der Regel auf der Vorderseite mit einer Glasur überzogen und auf der Rückseite mit einem Rumpf versehen.

**Putzofen:** Der verputzte Ofen ist eine Feuerstätte, deren äußere sichtbare Verkleidung mehr als 50 Prozent verputzte Oberfläche aufweist, ausgenommen ein gegebenenfalls vorhandenen Sockel. Er kann je nach Bauart mit verschiedenen Energie- oder Wärmeträgern betrieben werden. Zusatzfunktionen, zum Beispiel Erwärmung von Brauch- und Heizwasser, Warmhaltefach für Speisen sind möglich.

**Schamotte:** Feuerfester Baustoff zum Auf-/Ausbau von Feuerstätten.

**Speicherdauer:** Zeitraum, in dem sich die gespeicherte Wärmemenge durch die Wärmeabgabe verringert hat.

**Spezifische Wärmeleistung:** Wärmeleistung einer Feuerstätte je Quadratmeter Oberfläche.

**Statik:** Nicht in jedem Haus lässt sich auf einer vorhandenen Geschossdecke ein Kachelofen aufstellen. Selbst Stahlbetondecken, die ja gewöhnlich mit hohen Verkehrslasten bei Wohnhäusern ausgelegt sind, werden oft solche Einzellasten nicht tragen können. Bei Holzbalkendecken ist die Situation meist noch ungünstiger. In diesen Fällen muss der Statiker gehört werden.

**Taupunktunterschreitung:** Kühlen die Rauchgase zu schnell ab, bildet sich ab einem gewissen Punkt aus der dampfförmigen Feuchtigkeit Nebel. Dieser Niederschlag auf der Schornsteininnenwand führt auf Dauer zur Durchfeuchtung und damit zur Beschädigung des Schornsteins.

**Überschlagöfen:** Diese gestatten es, auch großflächige Motive zu gestalten. Diese Öfen werden an einem Lattengestell in der Töpferwerkstatt modelliert. Wenn der Ton lederhart ist, wird die Fläche in einzelne Kacheln geschnitten, die gebrannt und zu einem Kachelofen zusammengesetzt werden.

**Wärmebedarf:** Gebäudeeigenschaft und Grundlage für die Ermittlung der erforderlichen Heizleistung. Der Wärmebedarf setzt sich zusammen aus dem Transmissions-Wärmebedarf und dem Lüftungswärmebedarf.

**Warmluftofen:** Der Warmluftofen ist eine Feuerstätte aus Heizeinsatz, Heizgaszügen aus metallischen Werkstoffen, Schamotte Heizkammer/Verkleidung aus Ofenkacheln, Kachelsteinen, anderen mineralischen wärmespeichernden Baustoffen, zugehörigen Dämmschichten und gegebenenfalls Vormauerung. Die Wärmeabgabe erfolgt überwiegend konvektiv.

**Wirkungsgrad:** Das in Prozent ausgedrückte Verhältnis von Wärmeleistung zur Wärmebelastung.

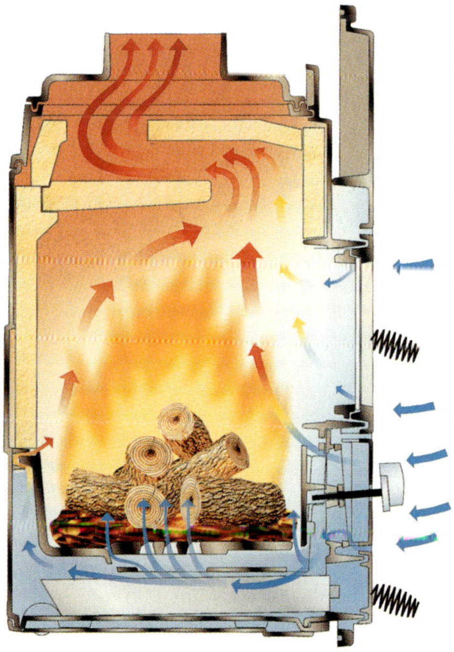

**Holzbrand-Heizeinsätze erreichen dank spezieller Luftführung und Brennraumkonstruktion einen hohen Wirkungsgrad – ein wichtiger Maßstab für optimale Verbrennung und damit energiesparendes Heizen. Buderus**

**Der aufrechte Gang, das Anfertigen von Werkzeugen und die Entwicklung der Sprache: Das sind drei der vier wesentlichen Schritte, die aus der Gattung Mensch den Herrn über einen Planeten machten. Die vierte Fähigkeit: die Beherrschung des Feuers. Darüber eine kleine Kulturgeschichte.**

Foto: Scholl

# Feuer – alles über das göttliche Element

Und so fing nach den Mythen alles an: In die flammende Aura des Sonnenwagens hielt einst Prometheus einen Fenchelstiel. So stahl er das himmlische Feuer. Nicht für sich selbst: Er brachte es zu den Menschen. Zeus war außer sich – hatte er doch den Erdlingen unbedingt den Besitz des göttlichen Feuers vorenthalten wollen. So groß war seine Wut, dass der Göttervater eine Strafe von erlesener Grausamkeit verhängte: Stehend – und damit schlaflos – wurde Prometheus an einen Felsen im Kaukasus geschmiedet. Ein Adler fraß täglich an seiner Leber, die über Nacht perfiderweise wieder nachwuchs. Erst der Held Herakles befreite den Gemarterten.

Mythen transportieren Welterklärung. So auch die vermutlich vorgriechische Prometheus-Sage: Um 700 vor Christus vom Dichter Heriod erstmals schriftlich niedergelegt, spiegelt sie eine Einsicht wider, die Anthropologen heute dick unterstreichen: Erst der Besitz und die Beherrschung des Feuers machten den Menschen zum Menschen. Kein Tier kann dagegen Feuer entzünden und kontrollieren.

Von Weltherrschaft war freilich keine Spur, als vor etwa vier Millionen Jahren in Afrika die ersten Hominiden („Menschenähnliche") auf zwei Beinen über das Savannengras spähten. Sie mussten nach Leoparden Ausschau halten, um sofort auf den nächsten Baum oder in eine Felsspalte zu flüchten. Irgendwann muss ein Wagemutiger, vielleicht aus den glimmenden Resten eines Steppenbrandes, das

göttliche Feuer gestohlen haben. Entflammte Äste vertrieben nachts die Feinde. Ungefähr 1,5 Millionen Jahre alt ist die bislang älteste nachweisbare Feuerstelle, gefunden in Koobi Fora am Ufer des Turkana-Sees in Nordkenia.

## Die Zähmung des Feuers bietet Schutz und Nahrung

Dies brachte mehr als nur Schutz vor dem Gefressenwerden. Feuer erweiterte und streckte auch das Nahrungsangebot, etwa durch Rösten oder Dörren von Fleisch in Zeiten des Überflusses. Zum Jäger geworden, folgte der Mensch den wandernden Tierherden und drang nach Asien und Europa vor. So waren wärmende Flammen die Bedingung für die Eroberung kühler Klimazonen.

Ohne dienstbares Feuer wäre in Europa nur der Mittelmeerraum besiedelt. Wo heute Paris, London, Berlin, Stockholm und Amsterdam stehen, wäre ein menschenleeres Dickicht aus Wäldern und Sümpfen.

Aus Nomaden wurden inzwischen mehr und mehr Siedler. Auch im Zentrum der ersten Häuser lag selbstverständlich die Feuerstelle – als zentrale Kochstelle und Wärmestelle, das blieb viele Jahrtausende das gleiche. Etwa ab dem 10. Jahrhundert hielt in Europas Burgen allmählich der wandseitige Rauchfang Einzug – die Geburt des offenen Kamins. Dort wurde zunächst auch gekocht, doch die Verfeinerung der Sitten brachte auch die Trennung für Heiz- und Kochstelle, später sogar bekam der Herd einen eigenen Raum, die Küche.

## Wärme im Austausch gegen Hustenreiz

In den seltensten Fällen zog der Rauch des Kamins so ab, wie er sollte. Hustenreiz und tränende Augen waren der Preis dafür, wenigstens einige Grade über dem Gefrierpunkt genießen zu dürfen – wärmer wurde es sowieso nicht in beheizten Räumen, auch wenn sich die Adligen meterbreite Prunkkamine leisteten. „Die Könige von Frankreich" bezeugt etwa der Kulturhistoriker Ettore Camesasca,

**Links unten: Kachelofen mit ruhender Frau. Zeichnung nach einem Fresko im Kanonikatshaus, Stift St. Stephan, Konstanz.**

**Kleines Bild links: Kaminromantik im Mittelalter. Auch bei gehobenen Ständen gab es nur einen Raum im Haus der beheizt wurde.**

**Links: Im Freien wurden früher die Kessel mit dem Kochgut aufgeheizt.**

**Unten: Kachelofen aus der zweiten Hälfte des 16. Jahrhunderts. Burg Auer bei Dorf Tirol.**

**Unten: Fayenceofen, um 1770 mit Landschaftsdarstellungen und Obstbäumen. Schloß Gleifheim, Südtirol**

**Rechts: Blasebalg und Feuerböcke, Requisiten zum Heizen.**

**Darunter: Kunstvoll gefertigte Kaminplatten um 1770.**

„litten furchtbar unter der Kälte in ihren Palästen". Die Mutter von Ludwig XIV. berichtete, „wie im Jahre 1695 der Wein und das Wasser auf der königlichen Tafel gefroren". Und Madame de Maintenon – erst Mäträsse, dann zweite Gemahlin – klagte bitterlich über die eisige Zugluft im Schlafzimmer des Sonnenkönigs.

Da lebten die Bauern und Bürger im Winter vergleichsweise komfortabel. Zwar konnten sie gewöhnlich nur einen Raum des Hauses beheizen – bis weit ins 19. Jahrhundert blieb das so –, aber immerhin hatten sie gemauerte und gekachelte Öfen mit direktem Anschluss an den Rauchfang. Die „Stube" wurde in den Wintermonaten der Mittelpunkt des häuslichen Lebens. Gekocht wurde dagegen bis in die Neuzeit mit offener Flamme. Das hatte Folgen: Schmieden, Bäckereien und Küchen waren über mehrere Jahrtausende in den Städten immer wieder Ausgangspunkt für verheerende Feuersbrünste.

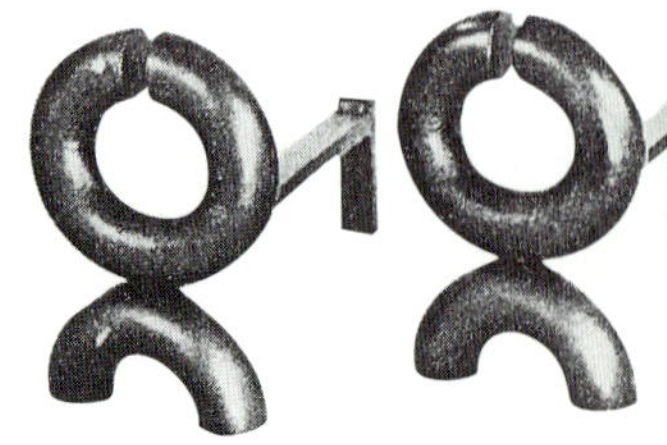

## Feuer als Geburtshelfer der Zivilisation

Mit Schutz, Wärme und Nahrung wären die Auswirkungen des Prometheus-Geschenks aber nur unvollkommen beschrieben. Das gezähmte Feuer ist auch Geburtshelfer der technischen Zivilisation. Irgendwann im 5. Jahrtausend vor Christus muss ein findiger Kopf zwischen Balkan und Kaukasus entdeckt haben, dass kupferhaltige Mineralien in der Holzkohleschicht einer Feuerstelle mit der Zeit ihr Aussehen verändern: Bei hinreichend hoher Temperatur reduziert der Kohlenstoff das Erz zu Metall, zu Bronze. Die Schmelztemperatur von Kupfer beträgt 1083 Grad Celsius (die von Zinn liegt noch darunter), daher wurde Bronze – eine Kupfer-Zinn-Legierung – viel früher erschmolzen als Eisen, das erst bei 1535 Grad schmilzt.

Da ist ein gehöriger Mehraufwand notwendig, um dem Hämatit das chemisch gebundene

Eisen zu entringen. In der so genannten Verhüttung liegt daher der Beginn der Ofenbau-Kunst, der Vorläufer moderner Heiztechnik. Es galt, durch verbesserte Geometrie und bessere Luftzufuhr die Brenntemperatur nach oben zu treiben. In Anatolien oder im Kaukasus gelang dieses Kunststück zuerst und verbreitete sich danach innerhalb weniger Jahrhunderte in der gesamten Alten Welt.

Der ganze Prozess stellte etwas Ungeheuerliches für den damaligen Beobachter dar: die rußgeschwärzte Gestalt, das Fauchen der Blasebälge, die laut schmetternden Schläge des Schmiedehammers, die Glut des Feuers und die stiebenden Funken –

Eine „sonderbare Faszination" konstatiert der Publizist Dieter E. Zimmer, und sieht darin sogar ein Stück der menschlichen Entwicklung: „Etwas in uns antwortet mit einer irrationalen Hochstimmung auf den Anblick eines Feuers. Ich halte es deshalb für plausibel, dass unsere Urahnen die Liebe zum beherrschenden Feuer lernten, weil das ihre Überlebenschancen vergrößerte.

Das gemeisterte Feuer: also ein magisches Medium, ja sogar Teil der Evolutionsgeschichte des Menschen? Das erklärt, weshalb wir es in Kaminen und Kachelöfen so lieben.

und vor allem die unbegreifliche Verwandlung einer Art von Materie in eine andere. Dies alles spiegelt sich in den germanischen Götter- und Heldensagen, in der griechischen und römischen Mythologie, in der Welt afrikanischer Völker wie der Dogon oder der Bambara wider.

Der französische Kulturhistoriker Mircea Eliade begründete das so: „Das Feuer war die Manifestation einer magisch-religiösen Kraft, welche die Welt verwandeln konnte und infolgedessen nicht dieser Welt angehörte. Das ist der Grund, weshalb schon die archaischen Kulturen den Repräsentanten des Sakralen – den Schamanen, den Medizinmann, den Zauberer – für einen Meister des Feuers hielten.

## Das Feuer: sicher bewacht in Tempeln

Bis zur Verehrung der flammenden Zaubermacht war es nur ein kleiner Schritt. Zur Legende wurden die Feueranbeter im heutigen Iran. In geistiger Gefolgschaft des Religionsgründers Zoroasthra („Zarathustra") im 6. Jahrhundert vor unserer Zeit verehrten sie den Lichtgott Ormizd. Seine höchste Manifestation auf Erden war das heilige Feuer, bewacht in den Tempeln von Priestern, die ein Tuch vor dem Mund trugen, damit die nie verlöschende heilige Flamme nicht verunreinigt werde. In den Parsen im Norden Indiens lebt die zoroastrische Lehre bis in unsere Tage hinein fort.

**Links oben: Als das Feuer ins Haus zog, waren dies die wärmsten und somit beliebtesten Plätze.**

**Oben: Napfkachelofen aus Birkenheide, erste Hälfte des 19. Jahrhunderts. Museum Rudolstadt, Thüringen.**

**Links: Ein schönes Beispiel für die Blumendekore des Rokoko stellt dieser Kachelofen dar.**

## Wer liefert was?

| Firma | Offene Kamine | | Fertigkamine | Kaminöfen | Primär-/Pelletöfen | Kamineinsätze | | | | | | Kaminverkleidungen | Kaminschürzen | Kamintüren | Kachelofeneinsätze | | | | | | | Kaminzubehör | Funkenschutzgitter | Specksteinöfen | Kachelgrundöfen | Warmluftkachelöfen | Kachelofenvortüren | Ofenkacheln | Lieferradius |
|---|---|---|---|---|---|---|---|---|---|---|---|---|---|---|---|---|---|---|---|---|---|---|---|---|---|---|---|---|---|
| | für Garten/Terrasse | für Innenbereich | | | | aus Beton/feuerfest | aus Schamotte | aus Gusseisen | aus Stahl | mit Türen | mit Wassertaschen | | | | Holz | Kohle | Pellets | Öl | Gas | elektrisch | mit Wasserteil | | | | | | | | |
| Angermayer | | ✗ | | | | | | | | | | ✗ | | | | | | | | | | | | | ✗ | ✗ | | ✗ | weltweit |
| ARA | | ✗ | ✗ | | | | | | | | | ✗ | ✗ | | | | | | | | | | | | ✗ | ✗ | | ✗ | Europa |
| Arkiane | | | | ✗ | | | | | | | | | | | | | | | | | | ✗ | | | | | | | Europa |
| Austroflamm | | ✗ | ✗ | ✗ | | | ✗ | ✗ | ✗ | ✗ | | ✗ | | | | | | | | | | ✗ | ✗ | ✗ | | | | | weltweit |
| Blank | | ✗ | ✗ | ✗ | | | ✗ | | ✗ | ✗ | ✗ | | | | ✗ | | ✗ | | | | ✗ | ✗ | ✗ | ✗ | | | ✗ | | weltweit |
| Boley | | ✗ | ✗ | ✗ | | | | | ✗ | ✗ | | ✗ | ✗ | ✗ | ✗ | | | | ✗ | ✗ | ✗ | ✗ | ✗ | | | | | ✗ | Europa |
| Brombacher Ker. | | ✗ | | ✗ | | | ✗ | ✗ | | ✗ | ✗ | | | | ✗ | | ✗ | | ✗ | | ✗ | | | | ✗ | | | ✗ | Europa |
| Brunner | | ✗ | | ✗ | ✗ | | ✗ | ✗ | ✗ | ✗ | ✗ | | | | ✗ | | ✗ | | | | ✗ | ✗ | | | ✗ | ✗ | | | D+Nachbarst. |
| Buderus | | | | ✗ | | | | ✗ | | ✗ | ✗ | | | | ✗ | ✗ | | ✗ | ✗ | | | ✗ | | | | ✗ | | | D, CH, A, F, I |
| Camina | ✗ | ✗ | ✗ | ✗ | | ✗ | ✗ | ✗ | ✗ | ✗ | ✗ | ✗ | ✗ | ✗ | ✗ | ✗ | | | ✗ | ✗ | ✗ | ✗ | ✗ | ✗ | | ✗ | ✗ | ✗ | Europa |
| Cera | | ✗ | ✗ | ✗ | | | | ✗ | ✗ | ✗ | | ✗ | ✗ | | ✗ | | | | | | ✗ | | | | | | | ✗ | Europa |
| Creatherm | | ✗ | | ✗ | ✗ | | ✗ | ✗ | ✗ | ✗ | ✗ | | | | ✗ | | ✗ | | | | ✗ | | | | ✗ | ✗ | | ✗ | Europa |
| Crumar | | | | | | | | | | | | ✗ | | | | | | | | | | | | | | | | | Europa, USA |
| Drooff | | | | ✗ | | | | | | | | | | | | | | | | | | | | ✗ | | | | | Europa |
| Flammenco | | | ✗ | | | | | | | | | ✗ | | | | | | | | ✗ | | | | | | | | | Europa |
| Form-TEQ | ✗ | ✗ | ✗ | ✗ | | | | | | | | ✗ | ✗ | | | | | | | | | | | | ✗ | ✗ | | ✗ | weltweit |
| Ganz | | ✗ | | ✗ | | | | | ✗ | ✗ | | ✗ | | | | | | | | ✗ | | ✗ | | ✗ | ✗ | ✗ | | ✗ | Europa |
| Gast | | | | | | | | | ✗ | | ✗ | | ✗ | | | | | | | | ✗ | | | | | | | | Europa |
| Gerco | | | | ✗ | | | | | ✗ | ✗ | ✗ | | | | ✗ | ✗ | | | | | ✗ | ✗ | | ✗ | | | | | Europa |
| Glöckel & Rukwid | | ✗ | | | | | | | | | | | | | | | | | | | | | | | ✗ | ✗ | | ✗ | D+Nachbarst. |
| Gombel | ✗ | ✗ | ✗ | ✗ | ✗ | | ✗ | ✗ | | ✗ | ✗ | ✗ | ✗ | ✗ | ✗ | ✗ | ✗ | | | | ✗ | | ✗ | ✗ | ✗ | ✗ | | ✗ | Europa |
| Gutbrod | | | | | | | | | | | | | | | | | | | | | | | | | | | | ✗ | Europa |
| Harbeck | | | | ✗ | | | | | | | ✗ | ✗ | ✗ | ✗ | | | | | | | ✗ | ✗ | ✗ | | | | ✗ | | Europa |
| Hark | | ✗ | ✗ | ✗ | ✗ | ✗ | ✗ | ✗ | ✗ | ✗ | ✗ | ✗ | ✗ | ✗ | ✗ | ✗ | ✗ | ✗ | ✗ | | ✗ | ✗ | ✗ | ✗ | ✗ | ✗ | ✗ | ✗ | weltweit |
| Hase | | | | ✗ | | | | | | | | | | | | | | | | | | ✗ | | ✗ | | | | ✗ | weltweit |
| Heinrichs | ✗ | ✗ | | | | | | | | | | ✗ | ✗ | | | | | | | | | | | | ✗ | ✗ | | ✗ | weltweit |
| Heizmann | | ✗ | | | | | | | | | | ✗ | ✗ | | | | | | | | | | | | ✗ | ✗ | | ✗ | D+Nachbarst. |
| Hilpert | ✗ | ✗ | ✗ | ✗ | | ✗ | ✗ | ✗ | ✗ | ✗ | ✗ | ✗ | ✗ | ✗ | ✗ | ✗ | | ✗ | ✗ | ✗ | ✗ | ✗ | ✗ | ✗ | ✗ | ✗ | ✗ | ✗ | D+Nachbarst. |
| Iversen | | | | ✗ | | | | | | ✗ | | | | | | | | | | | | ✗ | | ✗ | | | | | weltweit |
| Jasba | | ✗ | | | | | | | | | | ✗ | | | | | | | | | | | | | ✗ | ✗ | | ✗ | weltweit |
| Jydepejsen A/S | | | | ✗ | | | | | | | | | | | | | | | | | | ✗ | | ✗ | | | | ✗ | Europa |
| Kago | ✗ | ✗ | ✗ | ✗ | ✗ | ✗ | ✗ | ✗ | ✗ | ✗ | ✗ | ✗ | ✗ | ✗ | ✗ | ✗ | ✗ | ✗ | ✗ | ✗ | ✗ | ✗ | ✗ | ✗ | ✗ | ✗ | ✗ | ✗ | weltweit |
| Kaschütz | | | | | | | | | ✗ | | | | | | ✗ | | ✗ | | | | ✗ | | | | | | | | Europa |
| Kaufmann | | | | | | | | | | | | | | | | | | | | | | | | | | | | ✗ | weltweit |
| Keller's Kaminhof | ✗ | ✗ | ✗ | ✗ | | ✗ | ✗ | ✗ | ✗ | ✗ | ✗ | ✗ | ✗ | ✗ | ✗ | ✗ | | ✗ | ✗ | ✗ | ✗ | ✗ | ✗ | ✗ | ✗ | ✗ | ✗ | ✗ | weltweit |
| Keramik Art | ✗ | ✗ | | ✗ | | | | | | | | ✗ | ✗ | | | | | | | | | ✗ | ✗ | | ✗ | ✗ | | ✗ | Europa |
| Koppe | | | ✗ | ✗ | ✗ | | | | | | | | | | ✗ | ✗ | | ✗ | | ✗ | | ✗ | | ✗ | | | | | Europa |
| Kretzschmar | ✗ | ✗ | | | | | ✗ | | | | ✗ | ✗ | | | ✗ | | | | | | ✗ | | | | ✗ | ✗ | | ✗ | Europa |
| Kunkel | ✗ | ✗ | | | | | ✗ | ✗ | ✗ | ✗ | | | | | ✗ | ✗ | ✗ | ✗ | ✗ | ✗ | ✗ | | | | ✗ | ✗ | | ✗ | D+Nachbarst. |
| Kuretzky | ✗ | ✗ | | | | | | | | | | | ✗ | | | | | | | | | | | | ✗ | ✗ | | ✗ | D, DK |

| Firma | Offene Kamine | | Fertigkamine | Kaminöfen | Primär-/Pelletöfen | Kamineinsätze | | | | | | Kaminverkleidungen | Kaminschürzen | Kamintüren | Kachelofeneinsätze | | | | | | | Kaminzubehör | Funkenschutzgitter | Specksteinöfen | Kachelgrundöfen | Warmluftkachelöfen | Kachelofenvortüren | Ofenkacheln | Lieferradius |
|---|---|---|---|---|---|---|---|---|---|---|---|---|---|---|---|---|---|---|---|---|---|---|---|---|---|---|---|---|---|
| | für Garten/Terrasse | für Innenbereich | | | | aus Beton/feuerfest | aus Schamotte | aus Gusseisen | aus Stahl | mit Türen | mit Wassertaschen | | | | Holz | Kohle | Pellets | Öl | Gas | elektrisch | mit Wasserteil | | | | | | | | |
| Lechnerhof | | ✗ | | | | | | | | | | ✗ | ✗ | | | | | | | | | | | | ✗ | ✗ | | ✗ | D, CH, A, B |
| Leda | | ✗ | | ✗ | | | | ✗ | | ✗ | ✗ | | | | ✗ | ✗ | | | | | ✗ | | | | ✗ | ✗ | | | D+Nachbarst. |
| Märchenofen | | | | ✗ | | | | ✗ | | | | | | | | | | | | | | | | ✗ | | | | | weltweit |
| Maier-Glas | | | | | | | | | | | | ✗ | ✗ | ✗ | | | | | | | | ✗ | ✗ | | | | | | Europa |
| Matten | ✗ | ✗ | ✗ | ✗ | | | | | ✗ | | | ✗ | ✗ | ✗ | | | | | | | | ✗ | ✗ | | | | | | weltweit |
| MEZ | | | ✗ | ✗ | | | | | | | | | | | | | | | | | | | | | | | | ✗ | weltweit |
| Morsø | | | | ✗ | | | | ✗ | | ✗ | | | | | ✗ | ✗ | | | | | | ✗ | | ✗ | | | | | weltweit |
| Mylin | ✗ | ✗ | | | | | | | | | | | | | | | | | | | | ✗ | ✗ | | ✗ | | | | weltweit |
| Nibe | | | | ✗ | | | | | ✗ | ✗ | | | | | | | | | | | | | | ✗ | ✗ | | | | Europa, Japan |
| Nunna Uuni | | | | ✗ | | | | | | | | ✗ | | | | | | | | | | | | ✗ | | | | | weltweit |
| Olsberg | | ✗ | | ✗ | | | | | | | | | | | ✗ | ✗ | | | ✗ | | | ✗ | | ✗ | | | | | weltweit |
| Openfire Rösler | ✗ | ✗ | ✗ | ✗ | | | ✗ | ✗ | | ✗ | | ✗ | ✗ | ✗ | ✗ | ✗ | | | | | | ✗ | ✗ | | ✗ | ✗ | | | weltweit |
| Oranier | | | ✗ | ✗ | | | | ✗ | ✗ | ✗ | | | | | | | | | | | | ✗ | | ✗ | | ✗ | | | weltweit |
| Pfeilhammer | | | | ✗ | ✗ | | | ✗ | ✗ | | | | | | ✗ | | ✗ | | | | | | | ✗ | | | | | weltweit |
| Poli Keramik | | | | | | | | | | | | ✗ | | | | | | | | | | ✗ | | | ✗ | ✗ | | ✗ | Europa, USA |
| Quincke | ✗ | ✗ | | | | | | | | | | ✗ | ✗ | | | | | | | | | | | | ✗ | ✗ | | ✗ | D+Nachbarst. |
| Rembserhof | ✗ | ✗ | | | | | | | | | | ✗ | ✗ | | ✗ | ✗ | | ✗ | ✗ | ✗ | ✗ | | | | ✗ | ✗ | | ✗ | weltweit |
| Rhön-Kamin | | | ✗ | | | | | | | | | | | | | | | | | ✗ | | | | | | | | | Europa |
| Rika | | | | ✗ | ✗ | | | | | | | | | | | | | | | | | | | | | | | | weltweit |
| Rink | | | | ✗ | | | | | | | | | | | ✗ | ✗ | | | | | | | | | ✗ | ✗ | | | weltweit |
| Rüegg Cheminée | | ✗ | | ✗ | | | ✗ | ✗ | ✗ | ✗ | | | | | ✗ | | | | | | ✗ | ✗ | | | | | | | weltweit |
| Schätzle | ✗ | ✗ | | ✗ | ✗ | ✗ | ✗ | ✗ | ✗ | ✗ | ✗ | ✗ | ✗ | ✗ | ✗ | ✗ | ✗ | | ✗ | ✗ | | ✗ | ✗ | | ✗ | ✗ | ✗ | ✗ | weltweit |
| Schipp | ✗ | ✗ | | | | | ✗ | ✗ | ✗ | ✗ | ✗ | | | ✗ | | | | | | | ✗ | | | | ✗ | ✗ | | ✗ | Europa |
| Schmid | | | | ✗ | | | ✗ | ✗ | ✗ | ✗ | | | | | ✗ | ✗ | | | | | ✗ | | | | | ✗ | | | Europa |
| Scholl | ✗ | ✗ | | | | | | | | | | ✗ | | | ✗ | | | | | | | ✗ | | | ✗ | ✗ | | ✗ | Europa |
| Skantherm | | | | ✗ | | | | | | | | | | | | | | | | | | ✗ | | | | | | | Europa |
| Spartherm | ✗ | ✗ | ✗ | ✗ | | | ✗ | | ✗ | ✗ | | ✗ | ✗ | ✗ | ✗ | | | | ✗ | ✗ | ✗ | ✗ | ✗ | | | | | | Europa |
| Stegemann | ✗ | ✗ | | ✗ | | | ✗ | ✗ | ✗ | ✗ | | ✗ | ✗ | | ✗ | ✗ | | | ✗ | ✗ | | ✗ | ✗ | | ✗ | ✗ | ✗ | ✗ | weltweit |
| Superfire | | | | ✗ | | | | | | | | | | | | | | | | | | | | | ✗ | | | | weltweit |
| Supra | | ✗ | ✗ | ✗ | | | ✗ | ✗ | ✗ | ✗ | | ✗ | ✗ | | ✗ | | | | | | | | | ✗ | ✗ | | | | weltweit |
| Tekon | | ✗ | | ✗ | | | | | ✗ | ✗ | ✗ | | ✗ | ✗ | ✗ | ✗ | | ✗ | | | ✗ | ✗ | ✗ | ✗ | ✗ | ✗ | ✗ | | weltweit |
| Tonangebend | ✗ | ✗ | | | | | | | ✗ | ✗ | ✗ | ✗ | ✗ | | ✗ | | | | ✗ | | ✗ | | | | ✗ | ✗ | | ✗ | D+Nachbarst. |
| Tonfeuer | ✗ | ✗ | ✗ | ✗ | ✗ | ✗ | ✗ | ✗ | ✗ | | | ✗ | ✗ | ✗ | ✗ | ✗ | ✗ | ✗ | ✗ | | ✗ | ✗ | | ✗ | | ✗ | | | D+Nachbarst. |
| Tonwerk Lausen | | | | ✗ | | | | | | | | | | | | | | | | | | | | | | | | | Europa |
| Tulikivi | | | | ✗ | | | | | | | | | | | | | | | | | | | | ✗ | | | | | D+Nachbarst. |
| VOK | ✗ | ✗ | | ✗ | | | ✗ | ✗ | ✗ | ✗ | | ✗ | ✗ | | ✗ | | | | | | ✗ | ✗ | ✗ | ✗ | ✗ | ✗ | | ✗ | D+Nachbarst. |
| Wamsler | ✗ | | | ✗ | ✗ | | | | | | | | | | | | | | | | | ✗ | | ✗ | | | | | D+Nachbarst. |
| Wanders | | | | ✗ | | | ✗ | ✗ | ✗ | ✗ | | | | | ✗ | | | | ✗ | ✗ | | | | | | | | | Europa |
| Wodtke | ✗ | ✗ | ✗ | ✗ | ✗ | | ✗ | ✗ | ✗ | ✗ | | ✗ | ✗ | | ✗ | ✗ | ✗ | | | | ✗ | ✗ | | ✗ | ✗ | ✗ | ✗ | ✗ | weltweit |
| Ziegler | ✗ | ✗ | | ✗ | ✗ | | ✗ | ✗ | ✗ | | ✗ | | | | ✗ | ✗ | ✗ | ✗ | ✗ | ✗ | ✗ | | | | ✗ | ✗ | | ✗ | Europa |

## Anschriften

ABV Kachelöfen,
Bruchstr. 69 A,
67098 Bad Dürkheim,
Tel. (06322) 61920, Fax 85790

Accent,
Virnicher Str. 100,
53894 Mechernich-Firmenich,
Tel. (02256) 950059, Fax 950057

AdK – Arbeitsgemeinschaft der deutschen Kachelofenwirtschaft,
Rathausallee 6,
53757 St. Augustin,
Tel. (02241) 203979, Fax 27342

Amadeus – siehe Internet:
www.amadeus-ws.de

Angermayer,
Feichtet 23,
A-4906 Eberschwang,
Tel. (0043) 7753/2049, Fax 2048

ARA,
Schrumpfbachtal 22,
56294 Münstermaifeld,
Tel. (02605) 4915, Fax 4915

Arkiane,
Quartier de Suze,
F-07800 Charmes sur Rhône,
Tel. (0033) 475/604010,
Fax 609824

Artec Energiesysteme,
Senator Gerauer Str. 25,
85586 Poing/Grub,
Tel. (089) 909554440,
Fax 909554441

Attika,
Brunnmatt 16,
CH-6330 Cham,
Tel. (0041) 41/7499999,
Fax 7499998

Austroflamm,
Austroflamm-Platz 1,
A-4631 Krenglbach,
Tel. (0180) 3252929,
Fax 3252930

Bachmann,
Hauptstr. 32,
63825 Westerngrund,
Tel. (06024) 6713-0, Fax 6713-33

b+k Kamin- und Wohnstudio,
Merkurstr. 7,
67663 Kaiserslautern,
Tel. (0631) 91591

Boley, Oststr. 58,
40667 Meerbusch,
Tel. (02132) 76161, Fax 77144

Brombacher,
Münklinger Str. 52/1,
71263 Weil der Stadt,
Tel. (07033) 13592, Fax 32851

Brunner,
Zellhuber Ring 17–18,
84307 Eggenfelden,
Tel. (08721) 771-0, Fax 771-10

Buderus,
Nidderstr.10,
63697 Hirzenhain,
Tel. (06045) 600514, Fax 600510

Calimax,
Bundesstr. 102,
A-6830 Rankweil,
Tel. (0043) 5522/83677,
Fax 83677-6

Camina, Betonstr. 9,
49324 Melle,
Tel. (05422) 958458, Fax 958459

Cera,
Am Langen Graben 28,
52353 Düren-Echtz,
Tel. (02421) 82087, Fax 83469

Creatherm, Innstr. 24,
84359 Simbach/Inn,
Tel. (08571) 3653, Fax 3670

Crumar S.A.,
Pol. Industrial Las Cruces,
E-04869 Fines/Almeria,
Tel. (0034) 950/444235,
Fax 444433

Drooff,
Maria-Kahle-Str. 1,
59939 Olsberg,
Tel. (02962) 9769200,
Fax 9769209

Ehrenstein – Ceramicas del Sol,
Koblenzer Str. 38 C,
57627 Hachenburg,
Tel. (02662) 94433-0,
Fax 94433-5

Energetec, PF 100152,
30901 Isernhagen,
Tel. (05136) 9775-0, Fax 9775-10

Feuerton, Niederkircherstr. 14,
54294 Trier,
Tel. (0651) 8269-0, Fax 8269-48

Flammenco, PF 1330,
92676 Eschenbach,
Tel. (09645) 88200, Fax 88290

Form-Teq, Ahornstr. 21,
58300 Wetter,
Tel. + Fax (02335) 71184

Four Grand Mère,
2 rue de la Gare,
F-88700 Jeanménil,
Tel. (0033) 329/652053,
Fax 654697

Ganz, Dorfstr. 107,
CH-8424 Embrach,
Tel. (0041) 186/50521, Fax 55492

Gast, Ennser Str. 42,
A-4407 Steyr,
Tel. (0043) 7252/72301-0,
Fax 72301-24

Gerco, Zum Hilgenbrink 50,
48336 Sassenberg,
Tel. (02583) 9309-0,
Fax 9309-99

Glen Dimplex,
PF 820121,
90252 Nürnberg,
Tel. (0911) 65719-36,
Fax 6587167

Glöckel & Rukwid Keramik,
Bahnhofstr. 25,
91634 Wilburgstetten,
Tel. (09853) 3839-0,
Fax 3839-90

Gombel, Schwalbengraben 1,
35606 Solms-Burgsolms,
Tel. (06442) 7774, Fax 7774

Gütegemeinschaft Kachelofen,
Oranienstr. 7,
60439 Frankfurt, Tel. (069)
575239, Fax 573634

Gutbrod,
Medlinger Str.,
89423 Gundelfingen,
Tel. (09073) 2038, Fax 2030

Hafnertec,
Felderstr. 27,
A-3370 Ybbs an der Donau,
Tel. (0043) 7412/53694,
53694-4

Hagos, Industriestr. 62,
70565 Stuttgart,
Tel. (0711) 78805-0, Fax 7880549

Harbeck, Hauptstr. 58,
94167 Tettenweis,
Tel. (08534) 9708-0, Fax 9708-18

Hark, Hochstr. 201,
47228 Duisburg-Rheinhausen,
Tel. (0180) 2802323, Fax 997199

Hase,
Niederkircher Str. 14,
54294 Trier,
Tel. (0651) 8269-0, Fax 8269-18

Heinrichs, Flutgraben 6,
65205 Wiesbaden,
Tel. (0611) 7119448, Fax 7119459

Heizmann,
Obere Dorfstr. 7,
88636 Illmensee/Ruschweiler,
Tel. (07558) 572, Fax 1423

Hilpert, Nobelstr. 4,
36041 Fulda,
Tel. (0661) 92808-0,
Fax 92808-70

Holtebrinck/Antike Kachelöfen,
Mürnsee 13,
83670 Bad Heilbrunn,
Tel. (08046) 1748, Fax 8046

Holz-Energie-Zentrum,
Karls-Aue-Str. 91,
59939 Olsberg,
Tel. (02962) 802471, Fax 802473

Initiative Pro Schornstein (IPS),
Immanuel-Kant-Weg 5a,
84478 Waldkraiburg,
Tel. (08638) 880230, Fax 880231

Iversen, PF 60,
DK-5492 Vissenbjerg,
Tel. (0045) 6447/3131, Fax 3098

Jasba, Rheinstr. 100,
56235 Ransbach-Baumbach,
Tel. (02623) 84-0, Fax 84-2884

Jøtul,
Am Westbahnhof 37,
40878 Ratingen,
Tel. (02102) 700633,
Fax 7006345

Jydepejsen,
Ahornsvinget 3–7, Nr. Felding,
DK-7500 Holstebro, Tel. (0045)
974/10099, Fax 25216

Kago,
Pyrbaumer Str.1–5,
92349 Postbauer,
Tel. (09188) 9200, Fax 920130

Kant, Str. Prazská 21,
CZ-30114 Pilsen,
Tel. (00420) 19/7221155,
Fax 7221155

Kaschütz, Dreikreuzstr. 42,
A-3163 Rohrbach/Gölsen,
Tel. (02764) 2401, Fax 7682

Kaufmann,
Otto-Hahn-Str.1,
95111 Rehau,
Tel. (09283) 1046, Fax 4325

Keller's Kaminhof Havighorst,
Dorfstr. 57,
22113 Oststeinbek/Havinghorst,
Tel. (040) 7396090, Fax 7388081

Keramik Art Otto Scherer,
Stadler Str. 2,
86932 Stoffen,
Tel. (08196) 1713, Fax 998-795

Klass, Bussenstr. 6,
88677 Markdorf,
Tel. + Fax (07544) 71378

KME, PF 3320,
49023 Osnabrück,
Tel. (0541) 321-0, Fax 1366

Koppe, PF 20,
92671 Eschenbach,
Tel. (09645) 880, Fax 1048

Kretzschmar,
Beurener Str. 24,
72660 Beuren-Balzholz,
Tel. (07025) 5655

Kunkel,
Stadtplatz 53,
94327 Bogen,
Tel. (09422) 5633, Fax 2291

Kuretzky, Möllner Str. 23,
23881 Borstorf,
Tel. (04543) 396, Fax 1643

Lafarge,
Frankfurter Landstr. 2–4,
61437 Oberursel,
Tel. (06171) 61014, Fax 612300

Lechnerhof, Stoltenbergstr. 15,
58456 Witten,
Tel. (02302) 75022, Fax 72208

Leda, PF 1160,
26789 Leer,
Tel. (0491) 6099-01,
Fax 6099-290

Logitherm,
Bürgermeister-Stötter-Str. 1,
89264 Weißenhorn,
Tel. (07309) 41507, Fax 41676

Märchenofen,
Stauffenbergstr. 5,
89233 Neu-Ulm,
Tel. (0731) 713792, Fax 714103

Maier-Glas, Badenbergstr. 36,
89520 Heidenheim,
Tel. (07321) 9690-0, Fax 9690-60

Matten, Wiesenstr. 9,
56479 Niederroßbach,
Tel. (02664) 998701, Fax 998709

Max Blank,
Klaus-Blank-Str. 1,
91747 Westheim,
Tel. (09082) 1001, Fax 2002

MEZ Keramik, Hauptstr. 42,
56307 Dernbach,
Tel. (02689) 9411-0, Fax 9411-24

Minarik, Im Käppeleacker 1,
79379 Müllheim-Hügelheim,
Tel. (07631) 2343, Fax 2330

Morsø, Furvej 6,
DK-7900 Nykøbing Mors.,
Tel. (05191) 17160, Fax 17180

Müller, Dele, Webams 4,
87653 Eggenthal/Allgäu,
Tel. (08306) 279

Mylin, Dorfstr. 223,
25920 Risum-Lindholm,
Tel. (04661) 3560, Fax 1042

Nibe, Box 134,
S-25823 Markaryd,
Tel. (0046) 433/75100, Fax 75140

NunnaUuni, Joensuuntie 1344 C,
FIN-83940 Nunnanlahti,
Tel. (00358) 1368/1811,
Fax 18100

Olsberg, Hüttenstr. 38,
59939 Olsberg,
Tel. (02962) 8050, Fax 805180

Openfire Rösler,
PF 601140,
63282 Dreieich-Offenthal,
Tel. (06074) 8403-0, Fax 840312

Oranier, Weidenhäuser Str. 1–7,
35075 Gladenbach,
Tel. (06462) 923-0, Fax 923-339

Paradigma – Ritter,
Ettlinger Str. 30,
76307 Karlsbad,
Tel. (07202) 922-0, Fax 922-100

Pfeilhammer, Am Pfeilhammer 1,
08352 Pöhla/Erzgebirge,
Tel. (03774) 8404-16,
Fax 8404-20

Poli-Keramik,
Obere Lend 24,
A-6060 Hall i.T,
Tel. (0043) 5223/56870-0,
Fax 56836

Pro Solar,
Deisenfangstr. 47–51,
88212 Ravensburg,
Tel. 0751) 3610-0, Fax 3610-10

Quincke, Heckstr. 79,
45239 Essen-Werden,
Tel. (0201) 493924, Fax 495238

Raab, PF 2261, 56512 Neuwied,
Tel. (02631) 9130, Fax 913145

Rembserhof-Keramik,
Forsthaus Rembserhof
56235 Ransbach-Baumbach,
Tel. (02623) 2648, Fax 4712

Rheinbraun, Stüttgenweg 2,
50935 Köln,
Tel. (0221) 480-0, Fax 480-1428

Rhön-Kamin, Haasstr. 1,
36043 Fulda,
Tel. (0661) 73511, Fax 38451

Rika, Müllerviertel 20,
A-4563 Micheldorf,
Tel. (0043) 7582/686-41,
Fax 686-43

Rink Kachelöfen,
Am Klangstein 18,
35708 Haiger,
Tel. (02771) 300-300,
Fax 300-3029

Roter Hahn, Stadtplatz 28,
84347 Pfarrkirchen,
Tel. (08561) 9835-20,
Fax 9835-21

Rüegg AG, Schwäntemoos 4,
CH-8126 Zürich,
Tel. (0041) 1/9198282,
Fax 9198290

Rutz, Daniel,
Rorschacherstr. 180 a,
CH-9000 St. Gallen,
Tel. (0041) 71/8772258

Sancal, PF 1334, 82418 Murnau,
Tel. (08841) 6166-0, Fax 616666

Schätzle, Hebelstr. 1,
79183 Waldkirch,
Tel. (07681) 22526, Fax 6695

Schipp,
August-Jeanmaire-Str. 24,
79183 Waldkirch-Kollnau,
Tel. (07681) 409320, Fax 409342

Schmid, Markgrafenstr. 9,
95497 Goldkronach,
Tel. (09273) 989-0, Fax 989-69

Schmitz, Axel, Esslinger Str. 56,
73765 Neuhausen,
Tel. (07158) 946120, Fax 946121

Schössmetall,
Pommernstr. 14,
83395 Freilassing,
Tel. (08654) 63010, Fax 61066

Scholl, Kurpfalzstr. 141,
67435 Neustadt,
Tel. (06321) 66587, Fax 66575

Sigloch Ofenbau,
Wiesweg 50,
72119 Ammerbuch-Pfäffingen,
Tel. (07073) 3594

Skantherm, PF 23 43,
33351 Rheda-Wiedenbrück,
Tel. (05242) 9381-0, Fax 9381-49

Sommerhuber,
Resthofstr. 69,
A-4400 Steyr,
Tel. (0043) 7252/893-0,
Fax 893-210

Spartherm,
Maschweg 38,
49324 Melle,
Tel. (05422) 944-10, Fax 944-114

Specht,
Bahnhofstr. 2,
35116 Hatzfeld-Reddinghausen,
Tel. (06452) 92988-0,
Fax 92988-20

Stegemann,
Oststr. 2,
48301 Nottuln,
Tel. (02502) 2315-0, Fax 6914

Steidle, Achstr. 37,
88326 Aulendorf-Blönried,
Tel. (07525) 911070, Fax 911071

Superfire, PF 11 85,
83381 Freilassing,
Tel. (0043) 662/833438,
Fax 833-444

Supra, BP 22,
F-67216 Obernai Cedex,
Tel. (0033) 88951200,
Fax 88951240

Tekon König,
Midlicher Str. 70,
48720 Rosendahl,
Tel. (02547) 311, Fax 314

Thun, Galvani-Str. 29,
I-39100 Bozen,
Tel. (0039) 4/71245111,
Fax 71931822

Tonangebend,
Vormholzer Str. 9 A,
58456 Witten,
Tel. (02302) 72386, Fax 277221

Tonart – siehe Wood and ceramik

Tonfeuer, Münchner Str. 4,
82266 Inning a.A.,
Tel. (08146) 7189, Fax 7489

Tonwerk Lausen, Hauptstr. 74,
CH-4415 Lausen,
Tel. (0041) 61/9279555,
Fax 9279558

Tulikivi,
Wernher-von-Braun-Str. 5,
63263 Neu-Isenburg,
Tel. (06102) 7414-0, Fax 7414-14

Verband der
Keramischen Industrie,
Schillerstr. 17,
95100 Selb,
Tel. (09287) 80840, Fax 70492

Vereinigte Ofen- und Kamin-
werkstätten Hamburg (VOK),
Bei der Braaker Mühle,
22145 Hamburg/Braak,
Tel. (040) 67595160,
Fax 67595166

Wamsler, Gutenbergstr. 25,
85748 Garching,
Tel. (089) 32084-0,
Fax 32084-238

Wanders, Amtweg 4,
NL-7077 AL Netterden,
Tel. (0031) 315/386414,
Fax 386201

Weber-Öfen, Lindenstr. 40A,
56203 Höhr-Grenzhausen,
Tel. (02624) 948993, Fax 948995

Weinberger, Moos 2,
A-5230 Mattighofen
Gemeinde Pischelsdorf,
Tel. (0043) 7742/3758, Fax 5225

Wekos - siehe Tonfeuer

Welte, Martin, Höchst 15+16,
79871 Eisenbach,
Tel. (07657) 1070, Fax 1686

Wieben, Dorfstr. 28,
24354 Rieseby,
Tel. (04355) 1033

Wieland,
89070 Ulm,
Tel. (0731) 944-0, Fax 944-2772

Windhager, Deutzring 2,
86405 Meitingen,
Tel. (08271) 80560, Fax 805630

Wodtke, PF 500161,
72050 Tübingen,
Tel. (07071) 7003-0, Fax 700350

Wood and ceramic,
Im Längerach 18,
78354 Sipplingen,
Tel. (07551) 948453

ZB Ziegelwerke,
Bernburger Str. 43,
06408 Baalberge,
Tel. (03471) 326-0, Fax 312217

Ziegler Keramik, Wetzawinkel 33,
A-8200 Gleisdorf,
Tel. (0043) 3112/2977, Fax 29774

# Rat, auf den man bauen kann!

*Das Buch der attraktiven Lösungen und Ausführungsbeispiele*
128 Seiten, 400 farb. Abb.
ISBN 3-89367-628-7

*Dachräume zum Wohlfühlen: Ideen, Details, Beispiele*
128 Seiten, 332 farb. Abb.
ISBN 3-89367-630-9

*Planen, Bauen, Wohnen: Ideen und Beispiele mit Glas*
128 Seiten, 187 farb. Abb.
ISBN 3-89367-611-2

*Wohnräume zum Wohlfühlen: Ideen, Details, Beispiele*
128 Seiten, 386 farb. Abb.
ISBN 3-89367-615-5

*Das Buch der Ideen und Beispiele*
128 Seiten, 258 farb. Abb.
ISBN 3-89367-629-5

*Das Buch der schönsten Fachwerkhäuser, Bauernhäuser und Villen*
128 Seiten, 282 farb. Abb.
ISBN 3-89367-612-0

*Planen und Bauen. Beispiele, die man sich leisten kann*
128 Seiten, 321 farb. Abb.
ISBN 3-89367-631-7

*Energiesparend planen - preiswert bauen. Materialien, Tipps und Beispiele*
128 Seiten, 320 farb. Abb.
ISBN 3-89367-614-7

*Wege zum Wohlfühlen. Bauliche Voraussetzungen. Richtiges Verhalten*
120 Seiten, 127 farb. Abb.
ISBN 3-89367-084-X

*Auf den Punkt gebracht: Neutrale Fachinformation für mehr Energieeffizienz*
176 Seiten, 200 Abb.
ISBN 3-89367-097-1

*Schritte zum größeren Wohnbehagen. Baustoffe, Bauweisen, Bauideen*
152 Seiten, 470 farb. Abb.
ISBN 3-89367-041-6

*Ideen und Anleitungen für das Anlegen und Instandhalten von Wohngärten*
152 Seiten, 519 farb. Abb.
ISBN 3-89367-618-X

**Blottner Verlage** · 65232 Taunusstein · www.blottner.de